축전지 관리 바이블

STORAGE
IEEE
Li-ion
Nickel-Cadmium
Performance test
Maintenance
Replacement

저자 **장현봉**

머리말

축 전지는 필요악입니다. 축전지를 사용 하지 않을 수도 없고 또 사용한다 하더라도 반드시 관리가 필요하기 때문입니다. 축전지는 세계적으로 어마어마한 양을 사용하고 있습니다. 국내만 하더라도 전기, 통신, 방송, 병원 그리고 일반 아파트 내에서 까지도 축전지를 사용하고 있습니다.

그러나 이 많은 양의 축전지를 사용하고 운용하면서도 축전지 관리나 테스트 그리고 적당한 교체시기에 대한 교육 자료나 전문지식을 얻기 어려운 실정입니다.
또 UPS나 정류기를 운영하게 되면 싫든 좋든 예비전원으로 축전지를 같이 운영하게 됩니다. 대부분은 축전지와 발전기를 이용하게 되는데 이 축전지에 대해 만만치 않은 관리와 성능진단이 필요합니다.

축전지 지식이 부족한 현 상황에서 관리자가 축전지 관리를 전혀 하지 않거나 축전지에 관해 전문지식이 부족한 일부 유지보수 업체에 의뢰를 하게 됩니다. 대부분의 관리업체들은 육안 검사 및 단순점검만을 행하고 있으며 기대수명 시점에 축전지 성능과 관계없이 무조건적인 교체를 행하고 있습니다.

본 축전지 관리 바이블은 축전지를 가동하는 데 문제가 없도록, 또 사전에 대비할 수 있도록 축전지의 전반적인 지식을 습득하고 실무에 활용할 수 있도록 저술하여 관리자가 축전지에 대한 신뢰성을 확보하는 데 도움이 될 수 있도록 하였습니다.

아무쪼록 본 책자가 여러분의 업무에 일조할 수 있기를 바라며, 본 축전지 관리 바이블이 나오기 까지 애써주신 도서출판 앤플북스 사장님과 임직원 여러분들께 감사의 인사를 드립니다.

축전지 관리업무에 종사하는 분들이 축전지의 신뢰성과 경제성을 확보하여 업무에 큰 도움이 되기를 바랍니다.

2016년 1월
저자 장현봉

차례

제1장 서론

축전지, 배터리, 밧데리 그리고 Battery ·················· 3

제2장 오묘한 축전지 세계

축전지 이해 및 UPS 다운 원인 ·················· 9

1. 오묘한 축전지 세계 ·················· 9
2. UPS 다운 ·················· 10
3. 빌싱의 원인 ·················· 11
   (1) 첫 번째 오류는 충전 중 전압측정 ·················· 12
   (2) 두 번째 오류는 내부저항으로 관리를 했다는 것이다. ·················· 12
   (3) 세 번째 오류는 검수테스트에 관련된 문제이다. ·················· 13

제3장 IEEE 권고안

권고안의 의미 ·················· 17

1. IEEE 권고안 ·················· 17
2. 권고안 요약 ·················· 18
3. 용어 정의 ·················· 19
4. IEEE 권고안의 이해 ·················· 22

제4장
축전지 도입과 관리

도입 시기와 관리 ······ 27
1. 축전지 도입 ······ 27
2. 축전지 도입 시 IEEE 권고안 ······ 29
3. 축전지 도입 시 권고안에 따른 해설 ······ 30
4. 축전지 검수 ······ 32
5. 내부저항 측정 기록 보관 ······ 37

제5장
축전지 유지보수 관리

유지보수 관리 시기 ······ 41
1. 사례-Ⅰ ······ 41
2. 사례-Ⅱ ······ 43
3. 축전지 유지보수 ······ 43
   (1) 축전지 유지보수는 왜 하는가? ······ 44
   (2) 축전지 유지보수는 어떻게 하는가? ······ 46
   (3) 축전지 점검 - 월간/분기/반기/연간 및 초기/특별점검 ······ 50
   (4) 축전지 내부저항 측정법 ······ 54
   (5) 내부저항 측정의 득과 실 ······ 60
   (6) 개선조치 ······ 70

제6장
축전지 성능 테스트

축전지를 건강하게 하는 테스트 ······ 81

1. 축전지 테스트 ···81
2. 축전지 테스트의 종류 ···83
3. 이 과장의 오류 ···90
   (1) 검수 테스트에 관한 오류 ··90
   (2) 내부저항에 관한 오류 ···91
   (3) 성능 테스트에 관한 오류 ··91
4. A사 직원의 오류 ···91
   (1) 축전지 교체 기준의 오류 ··91
   (2) 축전지 전량 교체의 오류 ··92
5. 테스트, 어떻게 할 것인가? ···92
6. 검수 테스트(Acceptance Test) ···95
7. 성능 테스트(Performance Test) ···96
   (1) 성능 테스트 인터벌(Interval) ··99
   (2) 성능 테스트는 어떻게 하는 것인가? ······································99
8. 서비스 테스트(Service Test) ···100

제7장
축전지 교체

축전지는 언제 교체하는가? ···111

1. 축전지 교체 시기 ··111
2. IEEE 교체 기준 ··114
3. 축전지 교체시기의 시험방법 ··117
4. 축전지 교체 전 시험에 관한 사례 ··121
5. 불량 셀 발견 시 ···136

제8장
리튬이온(Li-ion)전지&니켈카드뮴

리튬이온 전지도 축전지 ··· 141

1. 리튬이온(Li-ion) 전지 개요 ··· 141
2. 리튬이온 전지 표시 ··· 144
   (1) 단전지의 표시 ··· 144
   (2) 전지의 표시 ··· 144
   (3) 추가표시 ·· 145
   (4) 전지의 예 ··· 145
3. 리튬이온 전지의 성능시험 ·· 146
   (1) 충전 ·· 146
   (2) 방전시험(용량시험) ·· 146
   (3) 방전율 시험 ··· 147
   (4) 자기 방전시험 ··· 148
   (5) 용량보존 및 회복시험 ·· 149
   (6) 내구성 시험 ··· 149
4. 안전성 시험 ·· 150
   (1) 사전 안전장치 : 벤트 ·· 150
   (2) 외부단락시험(고온에서) ·· 151
   (3) 강제 방전시험 ··· 151
   (4) 연속 충전시험 ··· 152
   (5) 과충전시험 ·· 152
   (6) 고율 충전시험 ··· 152
   (7) 진동시험 ·· 152
   (8) 충격시험 ·· 152
   (9) 낙하시험 ·· 153
   (10) 관통시험 ··· 153
   (11) 가압시험 ··· 153
   (12) 고공 낙하시험 ·· 153
   (13) 고온 저장시험 ·· 153

(14) 온도 충격시험 ···153
　(15) 감압시험 ···153
　(16) 가열시험 ···154
　(17) 침수시험 ···154
5. 니켈카드뮴 축전지 ··154
　(1) 니켈카드늄 축전지 개요 ······································154
　(2) 니켈카드뮴 축전지의 종류 ···································155
　(3) 니켈카드뮴 축전지의 용량 ···································155
　(4) 니켈카드뮴 축전지 설치 ·····································155
　(5) 니켈카드뮴 축전지의 점검사항 ······························156
　(6) 니켈카드뮴 전지의 성능테스트 ·····························157
6. 납축전지와 차이점 ··158

제9장
열 길 물 속은 알아도 한 길 축전지 속은 모른다?

열 길 물 속은 알아도 한 길 축전지 속은 모른다 ········ 163

1. 축전지 관리는 과학으로! ··163
2. 축전지 관리 블록 다이어그램 ···································165

제1장

서론

서론

축전지, 배터리, 밧데리 그리고 Battery

여러 가지 용어들이 있지만 여기서는 그냥 축전지라고 하는 것이 좋겠다.
배터리는 포괄적으로 1차 전지(건전지)와 2차 전지를 통틀어 말하는 것이고 축전지는 2차 전지를 의미하는 것이기 때문이다.

현재, 축전지는 우리나라뿐만 아니라 전 세계적으로도 어마어마한 양이 사용되고 있다. 국내에서만 하더라도 전기, 통신, 방송, 병원 그리고 일반 아파트 내에서까지도 사용되는 축전지, 그러나 이 많은 양의 축전지를 사용하고 운용하면서도 축전지 관리를 어떻게 할 것인지, 그리고 어떻게 테스트를 할 것이며 언제 교체하는 것이 적당한지에 대해 이렇다 할 마땅한 교육 자료나 전문지식을 얻을 만한 자료가 부족한 것이 현 실정이다.

UPS 또는 정류기를 운영하게 되면 싫으나 좋으나 예비전원으로 축전지를 같이 운영하게 된다. 경우에 따라서는 축전지를 대신하여 발전장치(발전기와는 다른 회전형)를 이용하는 경우가 있으나 가격이 만만치 않아서 적용이 용이하지 않다. 그래서 대부분은 축전지와 발전기를 이용하게 되는데 이 축전지에 대해 세심한 관리와 성능진단이 필요하다.

그렇지만 축전지 지식이 부족한 현 상황에서 축전지 관리를 전혀 하지 않거나 전문지식이 부족한 UPS 관리업체나 정류기 관리업체에 의뢰를 하게 되는데, 그 관리업체들은 그저 때만 되면 축전지를 교체 하는 우를 범하기도 한다. 사정이 이렇다 보니 가장 필요한 시기, 즉 정전이 되면 예비전원으로 사용되는 축전지가 예비전원으로서의 역할을 못하는 경우도 다반사로 일어난다. 축전지가 필요한 시기에 제 역할을 못한다면 무엇 때문에 돈을 들여 축전지를 운영하는가? 축전지는 생명과

제1장 서론

직결되는 분야인 병원에서 사용할 수도 있고 혹은 긴급전화를 필요로 하는 분야인 소방서와 경찰서에서 사용되기도 한다. 이러한 중요한 분야에서 사용되는 축전지는 반드시 관리에 만전을 기하여야만 불미스러운 일이 발생하지 않는다.

여러분은 여러분이 운영하는 축전지의 가동 가능 시간을 예측할 수 있는가?

마음 놓고 UPS의 상용전원을 끊을 수 있는가?

정전 시 예비전원이 이상 없이 동작한다고 자신하는가?

이러한 물음에 자신 있게 대답할 수 없다면, 여러분은 이미 축전지 관리에 실패한 것이다.

그렇다면 축전지는 언제 교체를 하는 것이 가장 좋을까?

이렇게 예를 들어 보자. 차량을 운전하는 운전자가 있다. 차에도 물론 시동과 전기를 필요로 하는 각종 제어장치에 전원을 공급하기 위해 축전지가 필요하다. 그러면 이 운전자는 축전지를 언제 교환할까? 미리미리 알아서 3년마다 교체를 할까? 아니면 시동이 걸리지 않을 때 할까? 아마도 시동이 걸리지 않거나 뭔가 문제가 발생되었을 때 축전지를 교체할 확률이 90% 이상이라고 생각된다. 여러분의 생각은 어떠한가?

문제가 발생(시동이 걸리지 않는 것도 포함하여)되어야 비로소 축전지를 교체한다는 것이다.

차량의 축전지는 나만의 문제이지만 산업용, 특히 꼭 필요한 예비전원에 들어가는 축전지라면 그 축전지는 연습이 아니라 실전의 문제이고, 생명과 직결될 수도 있기 때문에 축전지 운영자는 사전에 축전지 상태를 인지할 필요가 있다. 그래서 평소 실전에 문제가 없도록 미리 대비하여 닦고 조이고 확인할 필요가 있는 것이다. 이것이 바로 축전지의 신뢰성 확보이다.

그렇다고 3년이면 3년, 5년이면 5년마다 미리 축전지를 교체하는 것은 축전지 운영자로서 너무 무책임하고 성의가 없는 행동이다. 수명이 5년인 축전지가 3년차 4년차에는 아무런 문제가 없을까? 초기 설치한 축전지는 아무런 문제가 없을까? 아니다. 문제가 생길 소지가 다분히 존재한다.

몇 년 전 OO전자회사에서 정전이 발생되어 공정 중인 제품의 손실을 수백억 원 입었다고 한다. 그 어마어마한 규모의 회사가 돈이 없어 축전지를 예비전원으로 두지 않았을까? 아니면 때를 놓쳐 축전지를 교체하지 않았을까?

축전지는 직렬의 조합이다. 그러므로 직렬로 연결된 축전지 무리 중 단 한 개라도 불량한 축전지가 있다면 그 직렬회로는 끊어진 것이나 마찬가지이다. 큰돈 들여 준비한 축전지가 불량 축전지 한 개로 인해 모두 쓸모없어지는 불행한 사태로 이어질 수 있다. 그러므로 축전지 운영담당자라면 항상 준비해야 한다.

이에 대해 이런 질문을 할 수 있을 것이다. 「그럼 어떻게 해야 하느냐고…」
미리 준비하면 된다. 그 방법을 이제부터 논하도록 해 보자.

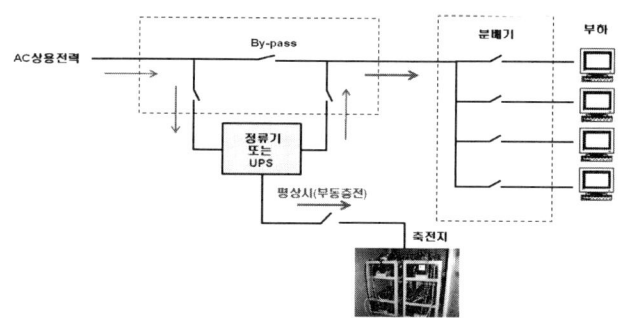

[그림 1-1] 평상시 UPS 시스템(평상시 부하에 전원을 공급함과 동시에 축전지 충전)

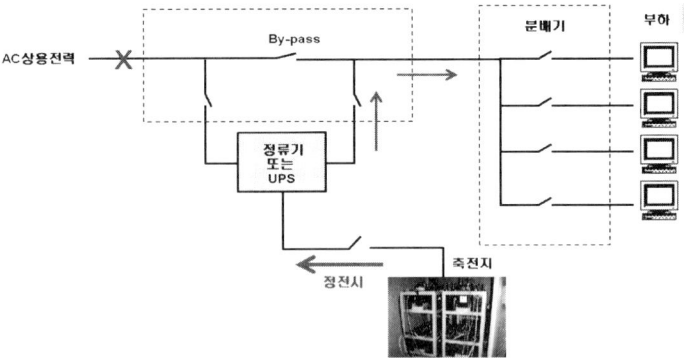

[그림 1-2] 정전시 UPS 시스템(정전시 축전지가 UPS에 전원을 공급하여 시스템 유지)

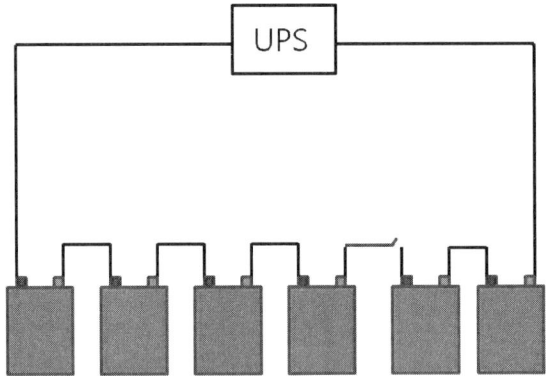

[그림 1-3] 불량 축전지에 의해 축전지가 끊어진 모습

제2장

오묘한 축전지 세계

축전지

○ **축전지 이해 및 UPS 다운 원인**

1. 오묘한 축전지 세계

사람은 태어나면서부터 서로 다른 얼굴과 서로 다른 지문, 서로 다른 성격, 서로 다른 체력 그리고 서로 다른 마음을 가지고 태어난다. 똑같은 유전자를 가진 사람이 없듯이 축전지도 사람과 같은 특성을 가지고 있다.

같은 날 생산된 동일 제품 동일 성능의 축전지 역시 겉으로 보기에는 다 똑같이 생긴 것 같고 그 속을 들여다볼 수는 없지만 알고 보면 서로 다른 특성을 가지고 있다.

이렇듯 새로 만들어진 신품의 축전지도 서로 다른데 일정 시간이 흐른 뒤(축전지 운영했던 시간) 그 차이는 점점 더 심화되어 초기에 약간의 성격 차이가 시간이 지나면서 큰 차이로 벌어지게 된다.

그중에서 성격이 더욱 삐뚤어지는 놈이 생기게 되는데 그것이 불량 축전지이다. 이 불량 축전지를 오랜 시간 동안 방치하면 암덩어리처럼 옆에 있는 동료 축전지에게 전이되어 옆에 있는 놈까지 물들여 버린다. 이러한 현상을 불량 도미노 현상이라고 한다. 그래서 이 암덩어리는 빨리 제거할수록 좋다. 제거하는 방법은 뒷장에서 논하도록 하겠다.

10인 1각이라는 게임을 아는가?
10명의 다리를 옆사람과 각각 묶어서 마치 한 사람이 뛰는 것처럼 하는 단체 게임이다. 이때 누군가 한 사람이 넘어지면 나머지 아홉 명 역시 달릴 수 없을 뿐더러 다 넘어지게 되어 있다.
100명의 사람이 등산하기 위해 똑같이 출발하여도 제일 먼저 산 정상에 오르는 사람이 있고 얼마 못 가 지치는 사람이 있게 되어 있다.

제2장 오묘한 축전지 세계

2. UPS 다운

위에 두 가지 예를 들었지만 축전지도 같은 상황이 벌어지게 된다.
2V 축전지 110셀로 구성된 시스템이 있다. 정전이 발생하면 예비전원의 투입을 위해 110개로 구성된 이 축전지 시스템은 UPS에 전원을 공급하게 되어 있다.

이 상태로 두 시간 동안 전원을 공급하며 버텨야 하는데, 110개의 축전지가 똑같은 힘을 내주면 좋겠지만 하다 보면 꼭 뒤처지는 놈이 나오기 마련이다. 이 뒤처지는 놈의 체력이 무너지기 시작하면 옆에 있는 축전지들이 조금은 도와주지만 힘에 부치면 낙오하게 된다. 한 놈이 낙오하면 나머지도 힘을 못 쓰고 무너진다. 그러면 전체 110개의 축전지는 더 이상 UPS에 전원을 공급할 수 없게 된다.

이것이 UPS 다운이다.

UPS는 동작할 수 있는 최저 전압이 있게 마련인데 축전지가 한 개라도 다운되면 110개의 축전지 전체 전압이 0V가 되어 버린다. 그러면 그 UPS는 다운되는 것이다.

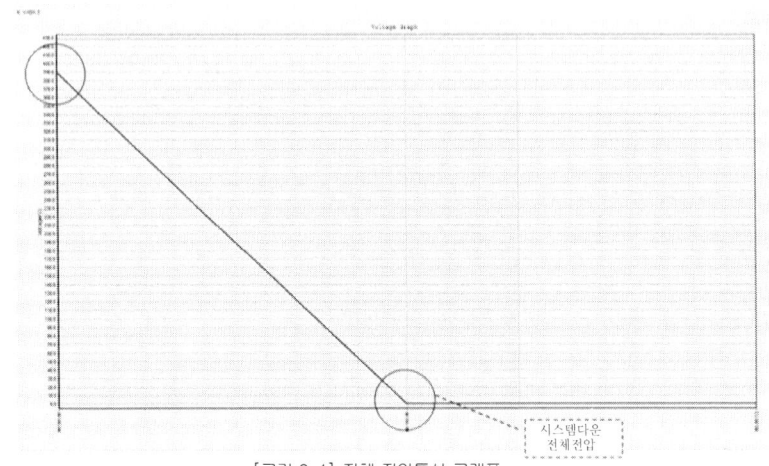

[그림 2-1] 전체 전압특성 그래프

이런 일은 여기저기서 많이 발생한다. 얼마 전 어떤 철도 회사의 발권 시스템을 관장하는 서버가 있는 곳이 벼락을 맞아 정전이 된 적이 있었다.

정전은 한국전력의 빠른 조치로 20분 만에 복구되었지만 이 회사의 발권 시스템은 약 2시간 후에야 복구될 수 있었다. 서버가 다운되면 전원이 복구된다고 해서 바로 정상으로 되는 것이 아니라 서버 시스템의 로그인 과정과 복구 과정이 필요하기 때문에 정상적으로 돌아오는 데 적지 않은 시간이 걸린다.

3. 발생의 원인

그렇다면 왜 이런 문제가 발생했을까?
그 철도 회사는 예비전원이 없었을까? 아니다. 있었다. 그럼에도 불구하고 예비전원이 제대로 작동하지 않은 것이다.

그럼 무엇이 문제였을까?
원인은 여러 가지가 있을 수 있겠지만 아마도 예비전원에 전원을 공급하는 축전지 문제가 아닌가 판단된다.

이 회사의 축전지는 설치된 지 불과 1년 10개월이 경과되었고 그 축전지의 수명은 15년 이상 되는 장수명 축전지였다.
또 이 회사는 UPS나 축전지를 관리하지 않았을까? 아니다. UPS 관리업체가 있었고 매월 점검을 하고 있었다. 그럼 무엇이 문제였을까?
바로 점검 방법에 문제가 있었다.

이 UPS 관리업체는 매월 축전지 전압과 내부저항을 측정하여 관리하고 있었다.
본인들 나름대로는 잘하고 있었다.
독자들은 관리업체의 무엇이 문제였다고 생각하는가?

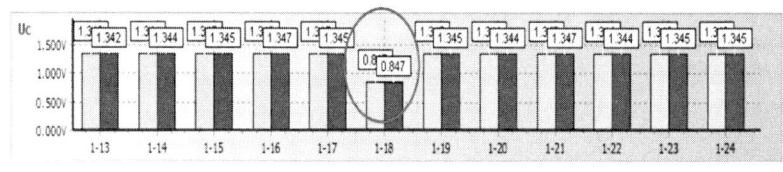

[그림 2-2] 충전기 OFF 후 전압측정 데이터

(1) 첫 번째 오류는 충전 중 전압측정

다 망가진 축전지에 충전기를 걸면 축전지의 전압이 어떻게 나올까? 축전지의 전압은 정상으로 나온다. 망가진 폐축전지도 전압이 정상보다 높게 나오거나 아니면 정상전압이 측정된다. 위의 UPS 관리회사의 문제는 충전 중일 때 전압을 측정한 것이다. 이러한 전압을 충전전류가 투입되고 있다면 충전전압, 전류가 투입되지 않거나 1A 미만으로 충전되고 있다면 부동충전전압이라고 한다. 이 충전전압은 정상보다 높은 전압이 나올 때는 문제 있는 축전지를 찾을 수 있지만, 만약 정상전압이 나온다면 문제 있는 축전지를 찾을 수 없게 된다.

(2) 두 번째 오류는 내부저항으로 관리를 했다는 것이다.

위에서 설명한 대로 축전지는 고유의 특성을 가지고 있어서 같은 날짜에 만들어진 동일 제품 동일 성능의 축전지라도 각각 가지고 있는 내부저항값은 서로 다르다. 그럼에도 불구하고 일정한 내부저항 기준값을 가지고 축전지 불량 유무를 따졌다면 이것 또한 오류를 범한 것이다.

만약, 이 관리업체가 처음 축전지를 도입하여 개개의 축전지가 가지고 있는 내부저항값을 1번부터 110번까지 110개의 기준값으로 관리를 했다면 모를까 그렇지 않고 무작정 기준값을 정해서 그 기준값으로 관리했다면 오류라는 것이다.

내부저항에 대해서는 뒤에 별도로 설명하도록 하겠지만, 간단히 말하면 내부저항은 사람으로 비교하면 혈압과 같은 것이다. 혈압을 재서 어쩌겠다는 건가?
고혈압이면? 저혈압이면?
혈압이 몸속 피의 흐름에 관한 것이라면 내부저항은 축전지 내부에 전류의 흐름에 관한 것이다. 전류의 흐름이 얼마만큼 원활한지에 대한 것 이것이 내부저항이다.

고혈압이나 저혈압이라고 해서 사람이 죽는 건 아니다. 체력이 저하됐다고 볼 수도 없다. 사람은 태어나면서부터 고혈압인 사람이 있고 저혈압인 사람도 있을 테니 말이다. 축전지도 마찬가지다. 만들어지면서 내부저항이 정해진다.

(3) 세 번째 오류는 검수테스트에 관련된 문제이다.

필자가 보기에 불량 축전지가 초기 구입 시부터 존재했던 것으로 판단된다. 그렇다면 축전지 도입 시 검수 테스트를 통해 초기 불량 여부를 판단해야 했다는 것이다. 불량인지 아닌지도 모르는 상태에서 UPS에 연결하고 충전을 했다면 정전이 되어 예비전원이 다운되기 전까지는 절대 불량 여부를 모른다는 것이다. 그러나 이미 사고는 발생한 것을 어쩌랴.

제3장부터는 이 책의 이론적 밑바탕이 되는 IEEE Std. 1188-1996 (2005)과 IEEE Std. 450-2002를 중심으로 축전지 관리와 테스트는 어떻게 해야 하며, 축전지의 교체는 어떤 방법으로 하는지를 사례와 더불어 하나씩 하나씩 풀어나가도록 하겠다.
축전지의 내부가 어떻고 구조가 어떠하며 화학적 반응이 어쩌고 하는 문제는 축전지를 새로 개발하거나 만드는 사람들에게 필요한 문제이지 운영하고 다루는 사람에게는 약간의 지식만 필요할 뿐이고 더욱이 필자가 깊이 논할 형편도 못될 뿐더러 필요치 않다 판단되어 이 책에서는 논하지 않을 것이다. 머리 아픈 공식 같은 건 이 책에서 다루지 않지만 축전지를 운영함에 있어서 뼈가 되고 살이 되는 실전 형식으로 전개해 나갈 생각이다.

제3장

IEEE 권고안

권고안의 의미

1. IEEE 권고안

IEEE(Institute of Electrical and Electronics Engineers : 전기전자엔지니어협회)에서는 「IEEE Recommended Practice for Maintenance, Testing and Replacement」라는 권고안을 만들어 축전지의 유지보수, 테스팅 및 교체에 관해 권고하고 있다.

우리나라의 경우 기술표준원에서 KS 규격을 만들어 권고하고는 있으나 주로 형식승인에 관련된 권고안 일뿐 축전지를 시스템으로 구성하여 운영 중인 경우 특별히 관련된 권고안이 없고 기준이 없기 때문에 부득이 IEEE 권고안을 따르고 있으며, 필자 또한 그렇다.
따라서 필자는 독자 여러분께 위의 권고안을 근간으로 하여 축전지를 어떻게 관리하는 것이 가장 효과적인지를 안내하고 사례를 통해 여러분의 축전지에 관한 잘못된 인식을 바로 잡고 과학적인 예비전원 시스템의 운영을 돕고자 한다.

축전지는 납축전지, 니켈카드늄, 니켈수소(흔히 말하는 수소전지) 그리고 리튬계열의 축전지들이 사용되고 있다. 특히 이중 납축전지는 전체 사용량의 80% 이상을 차지하고 있으며, 요즘 들어 니켈수소와 리튬계열의 전지 수요가 상승하는 중이다.
그럼에도 불구하고 전체의 80% 이상을 차지하는 납축전지 위주로 이야기를 전개할 것이며, 필요에 따라 그 밖의 전지들에 대해 논하도록 하겠다.

IEEE 권고안은 크게 밀폐형 축전지와 개폐형 축전지에 관한 권고안이 있는데, 밀폐형 축전지를 위해서는 Std.1188-1996, 1188-2005(최근

개정판) 이 있으며, 개폐형 축전지를 위해서는 Std.450-1995, 450-2002(최근개정판)있다.

개폐형은 전해액을 보충해주는 보수형이라 하고 밀폐형은 전해액의 보충이 필요 없다하여 무보수형 이라고도 한다.
개폐형은 주로 발전소나 골프 Cart, 지게차 등에서 많이 사용되며, 밀폐형은 주로 산업용에서 많이 사용하고 있다.

2. 권고안 요약

IEEE 권고안은 대략 30~50 페이지 정도의 복잡하다면 복잡하고 간단하다면 간단한 권고안이다. 그렇지만 내용을 보면 그리 간단하진 않다. 그래서 독자 여러분을 위해 이 복잡한 내용을 한 페이지로 압축해 보았다.
개폐형(보수형)과 밀폐형(무보수형)으로 구분하여 각 한 페이지씩이니 자세히 봐주시길 바란다.

[밀 폐 형 권 고안]   [Std.1188-2005 변경사항]

- 내부저항의 변화를 30~50%로 변경
- 반드시 성능테스를 실시 → 배터리 메이커 및 측정기메이커와 상담으로 변경

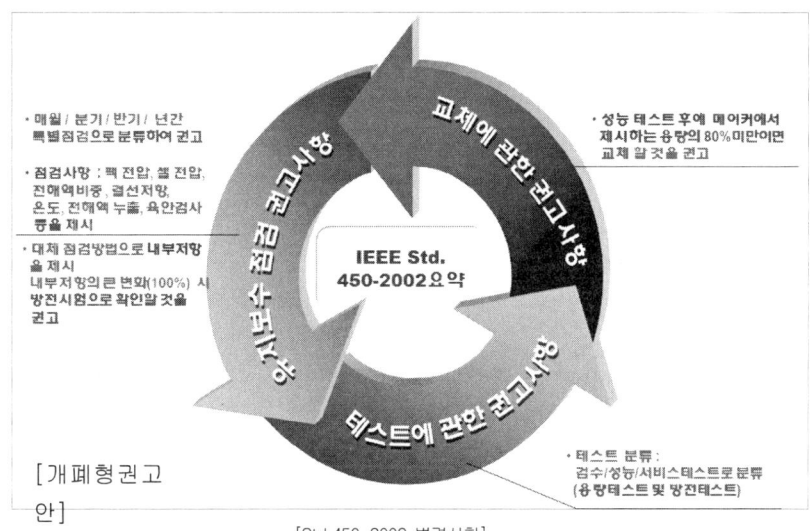

[Std.450-2002 변경사항]

3. 용어정의

(Std.1188-2005, Std.450-2002 공통)

우선 IEEE의 권고안을 살펴보기 전에 권고안에 있는 용어들을 살펴 볼 필요가 있으니 아래 용어에 익숙해 져야한다.
먼저 원문을 인용하여 살펴보고 독자들께서 이해가 쉽도록 의역하여 보겠다.

> acceptance test (battery): Capacity test made on a new battery to determine that it meets specifications or manufacturer's ratings.
> battery cabinet: A structure used to support and enclose a group of cells.
> battery rack (lead storage batteries): A structure used to support a group of cells.
> capacity test (battery): A discharge of a battery at a constant current or a constant power to a specified voltage.

internal ohmic measurements (battery): The measurement of either internal impedance, conductance, or resistance of battery cells/units.
performance test (battery): A constant current or a constant power capacity test, made on a battery after it has been in service, to detect any change in the capacity.
service test (battery): A special test of the battery's capability, as found, to satisfy the design requirements (battery duty cycle) of the dc system.
terminal connection (battery): Connections made between cells or rows of cells or at the positive and negative terminals of the battery, which may include terminal plates, cables with lugs, and connectors.
unit: Multiple cells in a single jar.
valve-regulated lead-acid (VRLA) cell: A lead-acid cell that is sealed with the exception of a valve that opens to the atmosphere when the internal gas pressure in the cell exceeds atmospheric pressure by a preselected amount.
VRLA cells provide a means for recombination of internally generated oxygen and the suppression of hydrogen gas evolution to limit water consumption.

[이상 IEEE Std.1188-2005 Annex G. Glossary 중에서 인용]

acceptance test: A constant-current or constant-power capacity test made on a new battery to confirm that it meets specifications or manufacturer's ratings.
capacity test: A discharge of a battery at a constant-current or constant-power to a specified terminal voltage.
critical period: That portion of the duty cycle that is the most severe, or the pecified time period of the battery duty cycle that is most severe.
duty cycle: The loads a battery is expected to supply for specified time periods while maintaining a minimum specified voltage.
equalizing voltage: The voltage, higher than float, applied to a battery to correct inequalities among battery cells (voltage or specific gravity).

> float voltage: The voltage applied to a battery to maintain it in a fully charged condition during normal operation.
> flooded cell: A cell in which the products of electrolysis and evaporation are allowed to escape to the atmosphere as they are generated. These batteries are also referred to as "vented."
> modified performance test: A test, in the "as found" condition, of battery capacity and the ability of the battery to satisfy the duty cycle.
> performance test: A constant-current or constant-power capacity test made on a battery after it has been in service, to detect any change in the capacity.
> rated capacity (lead-acid): The capacity assigned to a cell by its manufacturer for a given discharge rate, at a specified electrolyte temperature and specific gravity, to a given end-of-discharge voltage.
> service test: A test in the as "found condition" of the battery's capability to satisfy the battery duty cycle.
> terminal connection: Connections made between cells or at the positive and negative terminals of the battery, which may include terminal plates, cables with lugs, and connectors.

[이상 IEEE Std.450-2002 3.Definitions 중에서 인용]

IEEE 1188과 450은 만든 기구가 달라서 그런지 약간의 용어 차이가 있으나 같은 맥락이므로 차이는 없으므로 공통된 것은 한가지 만 설명 하였다.

- Acceptance Test : 검수테스트의 의미로 새 배터리가 규격 또는 메이커의 정격용량에 맞는지 확인하는 용량 테스트
- Battery Cabinet : 축전지 캐비닛
- Battery Rack : 축전지 가대
- Capacity Test : 용량테스트의 의미로 규정된 전압까지 정 전류 또는 정 전력으로 방전
- Internal Ohmic Measurements : 내부저항의 의미로 축전지 셀/유니트의 임피던스, 컨덕턴스 또는 레스턴스

- Performance Test : 성능테스트의 의미로 용량 변화를 감지하기 위한 정전류 또는 정전력 용량테스트
- Service Test : 서비스테스트의 의미. 축전지의 능력을 테스트 하는 특별 테스트로 DC 시스템의 디자인 요구(설계부하)대로 하는 일명 Duty Cycle테스트
- Terminal Connection : 축전지의 ⊕극과 ⊖극의 Lugs를 포함한 케이블의 연결과 셀간 줄간 연결
- Unit : 하나의 축전지에 단셀 과 단셀 즉, 여러 개의 셀로 구성된 축전지를 의미. 하나의 축전지에 여러 개의 ⊕극과 ⊖극이 있는 축전지
- Valve-regulated lead-acid(VRLA) : 내부 가스 압력이 초과될 때 밸브가 오픈되는 축전지
- Critical period : 가장 심한 Duty cycle(부하전류가 가장 많이 소모되는) 부분이나 가장심한 Duty cycle 시기
- Duty Cycle : 축전지가 규정된 최저전압을 유지하면서 규정된 시간동안 전원을 공급해 주는 양(율)
- Equalizing voltage : 부동전압보다 높은 전압, 축전지간 평준화 되지 않은 축전지를 위해 적용
- Float voltage : 일상적인 운용 시 충전이 완료되어 유지되고 있는 전압
- Flooded Cell : 일반적으로 보수형 배터리, 전기분해물질과 증발물질을 외부로 배출되도록 만든 셀
- modified performance test : 설계상 duty cycle에서 축전지의 용량과 능력 테스트
- rated capacity : 규정된 전해액 온도와 규정된 비중에서 주어진 방전 종지 전압까지 방전할 수 있는 축전지 메이커가 제시한 용량

4. IEEE 권고안의 이해

IEEE에서는 유지보수 점검에 관한 사항, 테스트에 관한 사항 그리고

교체에 관한 사항 이 3가지를 권고하고 있다.
그런데, 이중 가장 중요한 사항인 테스트에 관한 사항을 대부분 무시하고 넘어가는 경우가 허다하다. 이는 유지보수 점검에 관한 사항 중 내부저항 측정 항목이 있는데 이 내부저항측정이 모든 것인 양 죽어라고 내부저항만 측정하는 운영자가 많다.

내부저항은 한마디로 말하면 전류의 흐름. 즉, 사람으로 말하면 혈압을 재는 것이다.
혈압만으로 사람의 병을 알 수는 없다. 다만 혈압이 좀 높아졌네? 혈압이 좀 낮아졌네? 하는 정도로 판단하는 것이어야 한다.

그렇지만, 내부저항측정의 의미는 많다. 내부저항을 측정하므로 써 볼트 너트의 풀림을 잡아낼 수 있고 결속을 위한 연결케이블의 부식과 단자의 부식도 찾아 낼 수 있으며 축전지 개개의 트렌드도 읽어 낼 수 있는 좋은 측정방법이다.

그러나 이 내부저항 측정이 축전지의 양·부를 판단하는 기준이 되어서는 안 된다.
내부저항 측정이 간편하고 편리하다고 해서 이것만으로 판단되어서는 안 된다는 말이다. 내부저항으로 교체를 판단할 경우 멀쩡한 축전지를 교체 하는 건 그렇다 치고 불량 축전지를 잡아내지 못해 축전지 무리 중에 불량 축전지를 그대로 방치하게 된다면 정작 필요한 시기에 제 역할을 못할 수 있다는 점을 간과하지 말아야 한다.
다시 한 번 강조하지만 내부저항은 그저 점검과정의 하나 일 뿐이라는 것을 명심하여야 한다.

유지보수 점검에는 육안점검과 측정하는 부분이 있으며, 유지보수 점검 시 이상이 발견되면 즉각적인 조치를 취하여야 한다. 즉각적인 초치에 대하여는 다음 장에서 논하도록 하겠다.

테스트 시에는 반드시 안전장구를 갖추고 임하여야 하며, 정기적인 테스트와 유지보수 점검 시 이상을 발견한 경우 특별점검을 하여야 한다.

교체에 관한 사항은 내부기준을 정하여 그 기준에 맞추어 교체를 하면 되는데, 이 모든 사항은 뒤에 논하도록 하겠다.

제4장

축전지 도입과 관리

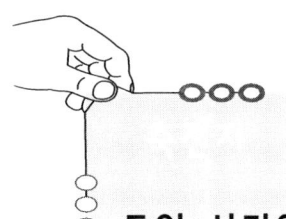

도입 시기와 관리

1. 축전지 도입

○○병원에서 근무하는 김 과장
전기설비를 담당하고 있다. UPS 유지보수를 담당하는 관리업체로부터 보고서가 올라와 있었다. 축전지를 설치한 지 5년째가 되어서 올해 축전지를 교체해야 한다는 보고서이다. 보고서에는 UPS 이상 유무와 축전지 각 개별 전압과 총 전압 그리고 내부저항이 명시되어 있었다. 내부저항값은 지난 분기와 비교하여 좋아진 것도 있었고 더 나빠진 것도 있었다.
병원장으로부터 비용절감에 각별히 신경 쓰라고 지시받은 생각이 나서 관리업체에 다시 문의하였다. 축전지를 올해 꼭 교체해야 하느냐고 물었더니 교체해야 한다고 한다. 아무튼 축전지를 교체해야 한다는 보고서를 올렸으니 이제부터는 문제가 생기면 자기네 책임이 아니라고 한다.

김 과장은 망설이다가 축전지 교체 결재 품의서를 만들어 결재를 받고 축전지 240셀 3조 예산 1억5천만원 승인을 겨우겨우 받았다.
구매절차를 거쳐 같은 모델의 새로 구입한 축전지가 들어오고 교체 작업을 하였다.
이제 축전지도 새로 바꿨으니 올 여름 장마나 태풍이 와도 정전이 되어도 걱정거리는 하나 덜었다 싶었다. UPS의 축전지를 바꿨으니 정전이 되어도 문제 될 게 없다는 생각에 마음이 편해졌다.
한해가 지나고 다음해에 추석을 앞두고 태풍이 우리나라를 관통했다. 많은 비가 왔고 낙뢰도 잦았다.

UPS 점검에 만전을 기하고 축전지는 작년에 새로 바꿨으니 문제없다

고 생각했다.
그러던 중 병원 내에서는 아무런 문제가 없었는데 대낮인데도 불구하고 정전이 되었다.
UPS가 작동되는가 싶더니 5분 만에 갑자기 경보가 울린다. 전산용 UPS가 다운이다. 다행히 예비용이 있어서 예비용 UPS로 절체가 된 상태였다.
20분이 지나서 전원이 복구되고 UPS 관리업체를 불렀다. 한숨이 절로 나왔다.
작년에 축전지를 교체했건만 이 무슨 일인가?

여기까지가 흔히 일상적으로 있는 축전지 교체 도입하는 과정을 예로 든 것이다.
일반적으로 축전지를 새로 설치하거나 교체하게 되면 새롭게 설치할 때는 설계 부하를 감안하여 축전지를 선택하게 되고 교체 시에는 이전에 쓰던 축전지와 동일 제품이거나 동등한 용량의 제품을 선택 구입하여 사용하게 된다.

예를 들어 300AH의 축전지를 도입하였다면 300AH의 용량이 맞게 들어왔는지 혹 불량 축전지는 없는지 확인할 필요가 있다. 불량 축전지가 있는지 없는지 모르는 상태에서 UPS에 연결을 하면 그때부터는 불량 축전지를 찾을 길이 막연해진다.
일반적으로 축전지 표면에 축전지의 정격용량이 표시되어 있어 그 표시만 보고 구입한 용량과 맞게 들어왔다고 판단하고 바로 사용하는 경우가 대부분이지만, 불행하게도 드물게 불량 축전지가 존재하는 경우가 있다.

김 과장의 경우 다행히도 예비용 UPS가 있어서 사고를 막을 수 있었지만, 새로 구입한 축전지 문제로 전산용 UPS가 다운된 것이다. 그렇다면 무엇이 문제였을까?

2. 축전지 도입 시 IEEE 권고안

> 6.1 Acceptance
>
> An acceptance test of the battery capacity (see 7.4) should be made, as determined by the user, either at the factory or upon initial installation.
>
> The test should meet a specific discharge rate and be for a duration relating to the manufacturers rating or to the purchase specifications requirements.
>
> Batteries may have less than rated capacity when delivered. Unless 100% capacity upon delivery is specified, initial capacity can be as low as 90% of rated.
>
> Under normal operating conditions, capacity should rise to at least rated capacity in normal service after several years of float operation. (See IEEE Std 485-1997.)
>
> Acceptance tests of 1 hour or less should use the rate-adjusted method of 7.3.2. If the aim of the test is to verify performance against manufacturers published data, the rate should not be adjusted for the end of life condition, i.e., perform the test at the full published rate adjusted for temperature. If the aim is to establish a baseline for future performance testing, adjust the rate for the end of life condition.

[Std.450-2002 중에서 인용]

> 6.2 Acceptance
>
> An acceptance test of the battery capacity (7.5) should be made at the manufacturer's factory or upon initial installation, as determined by the user. The test should meet a specific discharge rate and duration relating to the manufacturer's rating or to the purchase specification's requirements.
>
> All inspections listed in 5.2 should also be completed before performing an on-site acceptance test.

> Batteries may have less than rated capacity when delivered. Unless 100% capacity upon delivery is specified, the initial capacity of every cell should be at least 90% of rated capacity. This may rise to rated capacity after several charge--discharge cycles or after a period of float operation (IEEE Std 4854).
> These acceptance criteria should be based on a time-adjusted calculation (7.4.2.2), running the full published rate.
> An acceptance test should also establish the baseline capacity for trending purposes.
> If the time adjustment method (7.4.2) will be used for future performance tests, then the above time-adjusted calculation can be used for the baseline. If the rate adjustment method (7.4.3) will be used for future testing, then an additional capacity calculation should be performed in accordance with 7.4.3.5 to establish the baseline.

[Std.1188-2005중에서 인용]

3. 축전지 도입 시 권고안에 따른 해설

축전지를 새로 구입하게 되면 축전지 표면에 제조 일자와 정격용량에 관한 것이 쓰여있다.

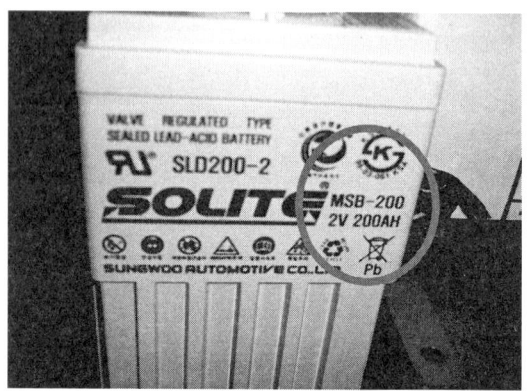

[그림 4-1] 축전지 용량

도입 시기와 관리

[그림 4-2] 제조 일자

이 용량과 제조 일자는 구입 설치 시 반드시 확인해야 할 부분이고 제조 일자는 가능한 한 3개월 이내의 것을 구입하여 설치하는 것이 좋다. 제조 일자가 오래 된 것은 제조 이후 방치되었을 확률이 높기 때문이다.

축전지는 오랜 시간 방치되면 불량화되어 제 수명만큼 사용할 수 없게 되거나 이미 불량화되어 결국에는 사용할 수 없게 된다. 만약 부득이 빙치해야 한디면 개폐형은 전해액을 모두 비운 후 보관하였다가 사용 시 전해액의 비중 점검을 한 후에 넣어서 사용하면 된다. 밀폐형은 전해액을 빼는 것이 불가능하므로 충전시켜 주면 된다. 한 달에 한 번 정도 충전하여 보관하면 나중에 사용할 수 있다. 그러나 축전지를 방치하는 것은 지양해야 할 일이다.

그리고 용량과 제조 일자를 확인한 후에는 위에 IEEE Std.를 참조하여 검수 테스트를 실시하여야 한다.
위의 권고안 내용에서 보듯이 초기 구입 시에는 반드시 구입한 용량과 일치하는지, 제품의 하자는 없는지, 또 용량 증대를 위해 검수 테스트를 실시하는 것이 좋다.

검수 테스트는 초기 구입 시에 실시하는 것이 가장 좋지만 여의치 않다면 축전지 제조회사에서 보장하는 무상 A/S기간 내에 실시하는 것도 괜찮은 방법이다.
이때 하자가 발견되면 교체를 요구할 수 있고 교체 요구 시에는 불량이라는 데이터가 필요하다.

4. 축전지 검수

그렇다면 검수 테스트는 어떻게 해야 할까?
방법은 두 가지가 있다.

▶ 첫 번째 방법

정전류 또는 정전력으로 방전하는 것이다.
이때 반드시 각 셀의 전압을 기록 저장하여야 한다. 그래야 데이터로서 인정받을 수 있다. 손으로 기록하는 것보다는 자동 저장되는 장치를 이용하는 것이 바람직하다. 이러한 장치들을 구비하는 것이 쉽지 않으므로 진단 서비스를 이용하는 것도 한 가지 방법이다.

정전류 또는 정전력으로 방전하면서 각 셀의 전압 추이를 보면 방전 시간이 지남에 따라 전압이 하강하게 되는데 유독 전압이 빨리 하강하는 셀이 있다면 그 축전지는 불량이라고 판단하면 된다.

축전지 메이커는 각 축전지의 방전특성곡선 자료를 가지고 있다. 그래서 축전지 카탈로그를 살펴보면 10시간 방전율은 몇 A, 5시간 방전율은 몇 A하는 식의 방전율표가 있을 것이다. 만약 없다면 제조회사에 문의하면 제공할 것이다.

ESG 축전지 제원표

형 명	공칭전압 (V)	용 량(AH)					KS형명
		10HR 1.80V/Cell	5HR 1.75V/Cell	3HR 1.70V/Cell	1HR 1.60V/Cell	0.5HR 1.60V/Cell	
ESG 100	2	100	81	83	65	50	MSB100
ESG 120	2	120	110	100	78	60	MSB120
ESG 150	2	150	137	124	98	75	MSB150
ESG 200	2	200	183	166	130	100	MSB200
ESG 250	2	250	228	207	163	125	MSB250
ESG 300	2	300	274	248	195	150	MSB300
ESG 400	2	400	366	331	260	200	MSB400
ESG 500	2	500	457	414	325	250	MSB500
ESG 600	2	600	548	497	390	300	MSB600
ESG 700	2	700	640	580	455	350	MSB700
ESG 800	2	800	731	662	520	400	MSB800
ESG 900	2	900	823	745	585	450	MSB900
ESG1000	2	1000	914	828	650	500	MSB1000
ESG1200	2	1200	1096	992	780	600	MSB1200
ESG1400	2	1400	1280	1159	910	700	MSB1400
ESG1600	2	1600	1462	1325	1040	800	MSB1600
ESG1800	2	1800	1645	1490	1170	900	MSB1800
ESG2000	2	2000	1828	1656	1300	1000	MSB2000
ESG2200	2	2200	2010	1822	1430	1100	MSB2200
ESG2400	2	2400	2184	1987	1560	1200	MSB2400
ESG2600	2	2600	2376	2153	1690	1300	MSB2600

[표 4-1] 납축전지 방전 제원(세방전지 카탈로그 중에서)

[표 4-1]을 보는 방법은 예를 들어 ESG200(MSB200) 3HR(3시간 방전율)이 166A이고 1.7V/Cell로 표현되어 있다. 이것은 3시간 방전에 166A이므로 시간당 55.3A의 전류로 전압이 1.7V로 하강할 때까지 3시간을 방전할 수 있다는 의미이다.

역으로 55.3A로 1.7V까지 방전하는 데 3시간이 못 간다면 제 용량을

제4장 축전지 도입과 관리

가지고 있지 않다는 의미이다. 물론 IEEE에서도 언급했듯이 구입 초기 축전지는 정격용량의 90~95% 정도의 용량을 가지고 있을 수 있으므로 2시간 40분 가량 방전했다면 정상이라고 판단해도 된다.

Final voltage: 1.05 V/cell

Cell type	C_5 Ah	HOURS				MINUTES							SECONDS		
		8h	5h	3h	2h	90min	60min	30min	20min	15min	10min	5min	1min	30s	5s	1s
HC9P	9	1.12	1.77	2.92	4.30	5.65	8.19	14.5	17.4	19.2	21.7	25.9	38.5	45.2	55.2	59.6
HC12P	12	1.49	2.36	3.89	5.74	7.54	10.9	19.3	23.3	25.6	28.9	34.5	51.3	60.3	73.6	79.5
HC17P	17	2.11	3.35	5.51	8.13	10.7	15.5	27.4	32.9	36.2	41.0	48.9	72.6	85.4	104	113
HC21P	21	2.60	4.14	6.80	10.0	13.2	19.1	33.8	40.7	44.8	50.6	60.3	89.7	106	129	139
HC25P	25	3.10	4.93	8.10	12.0	15.7	22.7	40.3	48.4	53.3	60.2	71.8	107	126	153	166
HC29P	29	3.60	5.71	9.40	13.9	18.2	26.4	46.7	56.2	61.8	69.9	83.3	124	146	178	192
HC34P	34	4.22	6.70	11.0	16.3	21.4	30.9	54.8	65.9	72.5	81.9	97.7	145	171	209	225
HC40P	40	4.96	7.88	13.0	19.2	25.2	36.4	65.3	80.2	87.9	99.5	118	175	200	247	265
HC50P	50	6.20	9.85	16.2	24.0	31.4	45.5	81.6	100	110	124	147	219	250	309	331
HC60P	60	7.44	11.8	19.4	28.7	37.7	54.6	97.9	120	132	149	177	263	300	370	397
HC70P	70	8.68	13.8	22.7	33.5	44.0	63.7	114	140	154	174	206	307	350	432	464
HC80P	80	9.92	15.8	25.9	38.3	50.3	72.8	131	160	176	199	236	351	400	494	530
HC90P	90	11.2	17.7	29.2	43.1	56.6	81.9	147	180	198	224	265	395	450	556	596
HC100P	100	12.4	19.7	32.4	47.9	62.9	91.0	163	200	220	249	295	439	500	617	662
HC110P	110	13.6	21.7	35.6	52.7	69.2	100	179	220	242	274	324	482	550	679	728
HC120P	120	14.9	23.6	38.9	57.5	75.5	109	196	240	264	299	354	526	600	741	795
HC130P	130	16.1	25.6	42.1	62.3	81.6	118	211	256	277	311	362	516	582	702	732
HC145P	145	18.0	28.6	47.0	69.5	91.1	132	235	285	309	347	403	575	649	783	816
HC155P	155	19.2	30.5	50.2	74.2	97.3	141	251	305	330	371	431	615	694	837	873
HC185P	185	22.9	36.4	59.9	88.6	116	168	300	364	394	442	515	734	828	999	1042
HC210P	210	26.0	41.4	68.0	101	132	191	340	413	447	502	584	833	940	1134	1182
HB230P	230	28.5	45.3	74.5	110	144	209	373	453	490	550	640	913	1030	1243	1295
HB255P	255	31.6	50.2	82.6	122	160	232	413	502	543	610	710	1012	1142	1378	1436
HB280P	280	34.7	55.2	90.7	134	176	255	453	551	597	670	779	1111	1254	1513	1577
HB305P	305	37.8	60.1	98.8	146	192	278	494	600	650	729	849	1210	1366	1648	1717
HB345P	345	42.8	68.0	112	165	217	314	559	679	735	825	960	1369	1545	1864	1943
HB385P	385	47.7	75.8	125	184	242	350	624	757	820	921	1071	1527	1724	2080	2168
HB420P	420	52.1	82.7	136	201	264	382	680	826	895	1004	1169	1666	1881	2269	2365
HB460P	460	57.0	90.6	149	220	289	419	745	905	980	1100	1280	1825	2060	2485	2590
HB510P	510	63.2	100	165	244	320	464	826	1003	1087	1220	1419	2023	2284	2755	2872
HB560P	560	69.4	110	181	268	352	510	907	1102	1193	1339	1558	2222	2508	3025	3153
HB615P	615	76.3	121	199	295	386	561	996	1210	1310	1471	1711	2440	2754	3322	3463
HB640P	640	79.4	126	207	307	402	582	1037	1259	1363	1530	1781	2539	2866	3457	3603
HB705P	705	87.4	139	228	338	443	642	1142	1387	1502	1686	1962	2797	3157	3809	3969
HB765P	765	94.9	151	248	366	480	696	1239	1505	1630	1829	2129	3035	3426	4133	4307
HB865P	865	107	170	280	414	543	787	1401	1702	1843	2068	2407	3432	3874	4673	4870
HB920P	920	114	181	298	441	578	837	1490	1810	1960	2200	2560	3650	4120	4970	5180

[표 4-2] 니켈카드뮴 축전지(알칼리전지) 방전 제원

End Voltage 1.05V/Cell (단위 : Ampere)

전지형식	시간율 전류													
	Hr						Min					Sec		
	10	8	5	3	2	1	30	20	15	10	5	1	30	10	5
GMH 10	1.1	1.3	2.0	3.3	4.9	9.0	17	19	20	23	25	26	33	36	37
GMH 20	2.1	2.6	4.0	6.6	9.7	17.9	33	37	40	46	49	51	67	72	74
GMH 30	3.2	3.9	6.0	9.9	14.6	26.9	50	56	60	69	74	77	100	107	111
GMH 40	4.2	5.2	8.0	13.2	19.4	35.8	66	74	80	92	98	102	134	143	148
GMH 50	5.3	6.5	10.0	16.5	24.3	44.8	83	93	100	115	123	128	167	179	185
GMH 60	6.3	7.8	12.0	19.8	29.1	53.7	99	111	120	138	147	153	200	215	222
GMH 70	7.4	9.1	14.0	23.1	34.0	61.4	106	119	129	148	158	164	215	231	238
GMH 80	8.4	10.4	16.0	26.4	38.8	70.2	121	136	147	169	180	188	246	263	272
GMH 100	10.5	13.0	20.0	33.0	48.5	87.7	152	170	184	212	225	235	307	329	340
GMH 120	12.6	15.6	24.0	39.6	58.2	105.3	182	204	221	254	270	282	369	395	408
GMH 130	13.7	16.9	26.0	42.9	63.1	114.0	197	221	239	275	293	305	399	428	443
GMH 150	15.8	19.5	30.0	49.5	72.8	131.6	228	255	276	317	338	352	461	494	511
GMH 180	18.9	23.4	36.0	59.4	87.3	157.9	273	306	331	381	406	422	553	593	613
GMH 200	21.0	26.0	40.0	66.0	97.0	175.4	304	340	368	423	451	469	615	659	681
GMH 230	24.2	29.9	46.0	75.9	111.6	201.7	349	391	423	487	518	540	707	758	783
GMH 250	26.3	32.5	50.0	82.5	121.3	219.3	380	426	460	529	564	587	768	823	851
GMH 350	36.8	45.5	70.0	115.5	169.8	307.0	531	596	644	741	789	821	1075	1153	1191
GMH 400	42.0	52.0	80.0	132.0	194.0	350.8	607	681	736	846	902	938	1229	1317	1362
GMH 450	47.3	58.5	90.0	148.5	218.3	394.7	683	766	828	952	1014	1056	1383	1482	1532
GMH 500	52.5	65.0	100.0	165.0	242.5	438.6	759	851	920	1058	1127	1173	1536	1647	1702
GMH 550	57.8	71.5	110.0	181.5	266.8	482.4	835	936	1012	1164	1240	1290	1690	1811	1872
GMH 600	63.0	78.0	120.0	198.0	291.0	526.3	911	1021	1104	1270	1352	1408	1844	1976	2042
GMH 700	73.5	91.0	140.0	231.0	339.5	614.0	1063	1191	1288	1481	1578	1642	2151	2306	2383
GMH 750	78.8	97.5	150.0	247.5	363.8	657.8	1139	1277	1380	1587	1691	1760	2305	2470	2553
GMH 800	84.0	104.0	160.0	264.0	388.0	701.7	1214	1362	1472	1693	1803	1877	2458	2635	2723
GMH 900	94.5	117.0	180.0	297.0	436.5	789.4	1366	1532	1656	1904	2029	2111	2766	2964	3064
GMH 1000	105.0	130.0	200.0	330.0	485.0	877.1	1518	1702	1840	2116	2254	2346	3073	3294	3404

[표 4-3] 수소전지 방전 제원

[표 4-2]와 [표 4-3]은 각각 니켈카드뮴 축전지와 수소전지의 방전 제원이며, 이 두 가지 축전지의 시간당 방전 전류를 표시하고 있다. HC-100P 제품을 보면 3시간 방전율의 방전 전류는 32.4A의 전류로 전압이 1.05V로 하강할 때까지 3시간을 방진힐 수 있음을 알 수 있다.

▶ 두 번째 방법

실 방전 시험을 이용해 검수 테스트 시행하는 것이다.
만약 정전류 또는 정전력으로 방전할 수 있는 장치가 구비되어 있지 않다면 한전의 상용전원을 차단하고 UPS로 시스템을 동작시켜 보는 것이다. 대신 정전류나 정전력으로 방전하는 것이 아니므로 정확한 용량까지 계산은 어렵겠지만 불량 축전지를 찾아내는 데는 도움이 된다. 이 방법은 축전지별 전압을 기록 저장하는 장치가 필요하다. 만약 없다면 사람이 직접 멀티미터로 측정해도 되지만 이 방법은 지양해야 한다. 110개 축전지의 전압을 측정하려면 대략 난감이다.

약 30분 가량 소요될 것이다. 아니면 여러 사람이 한꺼번에 몇 개씩 전담하여 측정하는 방법도 있지만 까딱 잘못하면 불량 셀이 존재할 경우 시스템이 다운되는 경우가 발생할 소지가 있다.
불량 셀의 존재를 인지하면 상용전원을 ON시킨 후 불량 셀을 우회하여 점퍼시키든지 교체하여야 한다. 교체에 관하여는 뒷부분에서 설명하겠다.

검수 테스트의 중요성은 이루 말할 수 없이 중요하다. 왜냐하면 축전지 불량 여부를 모르는 상태에서 UPS에 연결될 경우 불량 여부를 알 수 없는 상태에서 정전사고가 발생한다면 그야말로 110개 축전지 중 1개의 불량 축전지 때문에 예비전원이 작동하지 않을 수 있기 때문이다. 불량 축전지 하나가 전체를 못쓰게 만들 수 있는 것이다. 실제로 이런 경우가 드물지 않게 발생한다. 물론 저자도 그런 경우를 직접 겪어보았다.

위에서 예를 든 김 과장의 경우 만약 예비전원 중 예비용 축전지가 없었더라면, 바로 사고로 이어질 수 있는 것이다. 이럴 경우 누가 책임을 질 것인가?

검수 테스트의 또 하나의 의미는 용량 증대에 있다. 위 원문을 보면 축전지 구입 초기의 용량은 90~95%이나 몇 번의 충·방전에 의해 용량이 100%로 된다는 말이 있다. 물론 부동충전 상태에 놓여 있는 상태에서 몇 개월이 지나면 용량은 100%로 증대된다. 그러나 검수 테스트가 훗날 성능 테스트를 위한 기본 베이스라인이 된다는 것이다. 이것을 기준으로 삼아 용량의 변화를 감지하여야 한다.

5. 내부저항 측정 기록 보관

내부저항을 측정하여 관리한다면, 처음 도입 시 내부저항값을 측정 기록하여 그 측정값을 기준값으로 해서 내부저항의 변화를 관찰하는 것도 좋은 방법이다. 이미 설치된 지 1~2년이 경과하였다면 이 방법은 그리 권할 만한 것은 아니다. 축전지 도입 후 6개월 정도 경과 후에 내부저항값을 측정하여 그 값을 1번 축전지부터 마지막 축전지까지 모두 기록하고 그 값을 각 축전지별로 관리하여야 한다. 왜냐하면 내부저항값은 축전지 모두 같은 값이 아니라 서로 다른 값을 가지고 있기 때문이다. 때때로 이 값들을 평균화하는 수고를 하여 그 평균값으로 관리하는 경우가 있는데 이는 잘못된 내부저항 관리법이다. 내부저항에 대하여는 유지보수 관리 시기를 논하는 장에서 보다 자세히 설명하도록 하겠다.

제5장

축전지 유지보수 관리

축전지

유지보수 관리 시기

1. 사례-Ⅰ

○○방송의 이 대리.

이 대리는 방송 전원 설비 담당이다. 이 대리의 회사에서 운영하는 UPS는 서울과 부산에 있는 방송국을 합쳐 총 12조를 운영하고 있었고 이 중 4조는 개폐형이고 8조는 밀폐형 축전지였다.

개폐형은 환수 촉매형으로 비중과 온도를 잴 수 있는 장치가 축전지에 내장되어 있어 관리가 편할 뿐더러 전해액의 높이까지 볼 수 있어서 축전지의 드라이(Dry)를 사전에 알 수 있으므로 무엇보다 편리하지만 전해액을 보충해 주고 비중을 맞추는 것이 좀 번거로운 일이었다.

[그림 5-1] 개폐형 축전지

반면, 밀폐형 축전지는 전해액을 보충해 줄 필요도 없었고 얼마 전 구입한 내부저항 측정기로 단순히 전압과 내부저항을 측정하여 내부저항의 변화만을 보고 축전지의 이상 유무를 판단하면 된다고 하는 측정기 판매업체의 말도 있고 해서 내부저항으로 관리하고 있었다.

제5장 축전지 유지보수 관리

UPS 8조의 축전지는 12V 밀폐형으로 30셀로 구성되어 있으며 2년 전에 구입 설치되었고 현재는 내부저항으로 관리하고 있다. 축전지의 내부저항 기준값을 설정하여야 한다고 해서 30셀 전체의 내부저항을 측정하여 그 평균값을 측정 기준값으로 하여 비교하던 중, B조의 UPS 축전지 중 2셀의 내부저항이 평균 내부저항인 기준값에 비해 약 150%가 오버(OVER)되어 교체를 결정하고 보관되어 있는 축전지중 기준값보다 낮은 축전지 2개를 선택하여 불량 판정된 축전지 2개를 교체하였다.

이 대리는 내부저항을 측정해서 관리하니 무척 간편하고 무엇보다 교체의 타이밍을 잡기에 편한 방법이라 잘 샀단 생각이 들었다. 그러던 어느 날, 한전으로부터 정전시간 안내문이 왔다. 주변 변압기 공사가 있으니 새벽 4시부터 약 20분간 정전된다는 안내문이다.

내부저항으로 축전지를 관리했으니 별 문제 없을 거란 생각에 마음은 편했다. 드디어 정전되는 당일 새벽. 일부러 야근 신청을 하고 새벽까지 근무하기로 마음먹고 밀린 일을 하고 있을 때, 새벽 4시가 되고 드디어 정전. 그런데 UPS 하나가 1분 만에 다운되어 버렸다.

지난번 축전지 2개를 교체한 B조 UPS였다. 정전 시 방송 장비를 관장하는 UPS이다. 식은땀이 흐르고 어찌 할 바를 몰랐다. 당황스러웠다. 항의 전화가 몇 통 걸려오고 이내 한전 전원이 다시 복구되었다. 긴급 상황이 발생한 것이다. 보고 절차를 밟아 팀장에게 유선 보고를 하고 보고서를 작성하였다. 내부저항으로 잘 관리했는데 왜 그랬을까?

왜 UPS가 다운되었을까? 혹시나 하는 마음에 전압을 측정해 보니 정상이다. 팀장이 얼마 후 출근하여 원인을 찾기 시작했지만 원인을 알 수가 없었다. 하지만 UPS와 축전지를 전면 점검해야겠다고 마음먹었다.

2. 사례-Ⅱ

○○골프장에서 근무 중인 박 주임.

골프장에서 골프 카트를 관리하고 있다. 골프 카트는 무엇보다도 축전지가 생명이다. 18홀을 돌지 못할 경우 회원들로부터 불평을 듣기 때문이다. 게임 중간에 카트를 교체하는 것은 쉬운 일이 아니다. 골프백도 옮겨야 하고 내장객들의 소지품 역시 옮겨야 하며 캐디 소품도 옮겨야 하기 때문에 더더욱 어려운 일이다.

혹시라도 내장객의 소지품을 옮기다 분실 사고가 발생하는 불상사가 일어날 수 있기 때문에 더욱 조심해야 한다. 그래서 18홀을 다 못 돌 경우 축전지를 교체하면 되지만 18홀 돌고 두 번째를 돌지 못하면 난감하다.

18홀 이후 바로 충전기를 꽂고 대기해야 하는데 카트가 부족할 수도 있기 때문에 카트 배차계획을 잘 짜야 한다. 그러던 어느 날 36홀을 잘 돌던 카트가 갑자기 33홀을 돌다가 멈췄다. 예비 카트를 배차하고 짐을 옮기러 출발했다. 김 주임은 내장객들로부터 한차례 잔소리를 듣고 부리나케 짐을 옮기고서야 숨을 돌린다.

이제 이 카트는 18홀짜리이다. 당장이라도 새 축전지로 바꾸고 싶지만 그게 어디 쉬운 일인가?

축전지 교체 계획을 세워야겠다 마음먹고 김 주임은 퇴근길에 올랐다.

3. 축전지 유지보수

IEEE(전기전자엔지니어협회) 권고안에서는 축전지 유지보수, 테스팅 그리고 교체에 관해 권고안을 만들어 축전지 관리에 만전을 기하고 있다. 이 장에서는 축전지의 유지보수에 관한 것과 유지보수에 관련된 테스팅에 관하여 알아보고 그 기법을 논하도록 할 것이다.

(1) 축전지 유지보수는 왜 하는가?

> 5. Maintenance
>
> 5.1 General
>
> Proper maintenance will prolong the life of a battery and will aid in ensuring that it is capable of satisfying its design requirements. A good battery maintenance program will serve as a valuable aid in determining the need for battery replacement. The users must consider their particular application and reliability needs if maintenance procedures other than those recommended in this recommended practice are used.
> Battery maintenance should be performed by personnel knowledgeable of batteries and the safety precautions involved.

[이상 IEEE Std. 1188-1996 중에서 인용]

> 5. Maintenance
>
> 5.1 General
>
> Proper maintenance will prolong the life of a battery and will aid in ensuring that it is capable of satisfying its design requirements. A good battery maintenance program will serve as a valuable aid in maximizing battery life, preventing avoidable failures, and reducing premature replacement. Personnel knowledgeable of batteries and the safety precautions involved shall perform battery maintenance.

[이상 IEEE Std. 450-2002 중에서 인용]

축전지의 가장 중요한 덕목은 누가 뭐래도 신뢰성이다.
비상시 가동되지 않는 축전지는 고물덩어리이고, 돈 낭비이며, 쓸데없는 시간낭비이고, 자리만 차지하는 귀찮고 필요 없는 쓰레기가 될 것이다.

그리고 그 다음 덕목으로는 누가 어떻게 관리해서 가장 적은 투자로 가장 효과적으로 사용하는가 하는 문제이다. 여기서 우리는 비용 문제를 생각하지 않을 수 없다.

「예비전원의 신뢰성 확보와 비용절감」이 두 가지 목표가 이 책을 쓰는 목적이고 예비전원을 운영하는 목적이다. 어떻게 하면 예비전원의 신뢰성을 확보하면서 비용절감을 할까 고민하는 것이 엔지니어로서의 자세라 하겠다.

그저 때만 되면 축전지를 전량 교체하는 그런 안이한 자세로 근무하는 사람이 있다면 이 책은 그런 사람에게는 필요하지 않을 것이다.
만약 축전지를 전량 교체하면 아무런 문제가 없다고 생각하는가? 그렇다면 아주 큰 오산이다.
「우리는 올해 새로 구입해서 설치했으니 아무 문제없어!」라고 생각하는 독자가 있다면 이 책을 더 이상 읽지 말고 그냥 덮어라. 그냥 지금까지 했던 대로 하시라.

축전지 생산 시 불량률을 따져보지는 않았으나, 유통과정에서 생기는 불량, 그리고 방치된 축전지의 불량 등 새 축전지가 불량이었던 것을 직접 본 적이 있다. 그래서 필자는 자신 있게 독자 여러분에게 말할 수 있는 것이다.

앞에서 필자는 축전지는 사람과 같다 했다.
축전지는 흔한 경우는 아니지만 불구로 태어나는 경우도 있고, 체력이 덜 발달해서 태어나는 것도 있으며, 아주 센 놈으로 태어나는 경우도 있다.
그리고 환경적인 원인으로 체력이 약해지는 경우도 있다. 열에 강한 놈, 열에 약한 놈, 추위에 강한 놈 그리고 추위에 약한 놈.
그래서 점검이 필요한 것이고 유지보수가 필요한 것이다.
「우리는 올해 새로 바꿨으니까!」, 「우리는 1년밖에 안 됐으니까!」 하는 안이한 생각을 가지고 있다면 오늘 이후로 마음을 바꿔라.

「신뢰성과 비용절감」이 두 마리 토끼를 한꺼번에 잡아야 한다.

제5장 축전지 유지보수 관리

이 책을 읽는 대표님들! 그리고 책임자분들! 만약 때만 되면 축전지 교체하겠다고 하는 직원이 있다면 문제 있는 직원이다. 회사를 아낄 줄 모르는 직원이거나 축전지에 대한 지식이 없는 직원이다. 그런 사람은 해고 1순위로 놓여져야 한다. 내 돈이라면 그렇게 쓸 수 있겠는가?
만약 UPS 관리업체가 위의 경우라면 관리업체를 바꾸는 것이 곧 회사의 이익이다.

IEEE(전기전자엔지니어협회) 권고안에 따르면 적절한 Maintenance는 배터리의 수명을 연장하고 신뢰성을 확보할 수 있다고 한다.
그렇다면 적절한 유지보수는 무엇인가?

(2) 축전지 유지보수는 어떻게 하는가?

> 5.2 Inspection
> All inspections should be made under normal Boat conditions if possible. Readings should be taken in accordance with the manufacturer's instructions. Refer to the annexes for more information.
> All measurements and observations should be recorded for future comparisons.

[IEEE Std. 1188-1996 중에서 인용]

> 5.2 Inspections
> Implementation of periodic inspection procedures provide the user with information for determining the condition of the battery. The frequency of the inspections should be based on the nature of the application and may exceed that recommended herein.
> All inspections should be made under normal float conditions.
> For specific gravity measurements to be meaningful, the electrolyte must be fully mixed. Electrolyte mixing is unlikely to exist following a recharge or water addition.

> Measurements should be taken in accordance with the manufacturer's instructions. Refer to the annexes for more information.

[IEEE Std.450-2002 중에서 인용]

IEEE(전기전자엔지니어협회) 권고안에 의하면 가능한 한 모든 점검은 「normal float conditions」 아래 하라고 권고하고 있다.
이 의미는 부동 상태, 즉 충전도 방전도 아닌 상태를 뜻한다. 물론 「가능한」 이란 전제 조건이 있지만 필자 역시 부동 상태를 권한다.

왜냐하면 부동 충전상태에서는 전압을 측정하는 의미가 전혀 없다고 말할 수는 없지만 그다지 큰 의미가 없기 때문이다.
축전지 전압을 말할 때에는 몇 가지 다른 용어의 전압이 있다.
공칭전압, 충전전압, 부동충전전압, 방전전압, 방전 종지전압, 부동전압 등등

같은 축전지를 위에 나열한 각각의 전압으로 표현할 수 있는데, 통상 우리가 말하는 2V 배터리, 12V 배터리 하는 것처럼 2V, 12V 이런 표현을 공칭전압이라 한다.

충전전압은 예를 들어 2V 배터리를 충전시키면 약 2.2V 가량이 되는데 이때 2.2V를 충전전압이라 하고, 부동충전전압은 충전이 완료되면 1A 미만의 전류로 충전되다가 말다가를 반복하는데 이때 측정된 전압을 부동충전전압이라 한다.

방전전압은 충전전압의 반대의 의미로 방전 중일 때 측정된 전압을 말하고, 방전종지전압은 방전을 하다가 중단하게 되는 전압, 부동전압은 충전도 방전도 아닌 상태의 전압을 말한다.

고장난 축전지에 충전기를 연결하고 전압을 측정해 본 적이 있는

 축전지 유지보수 관리

가?
그 고장난 축전지가 12V 축전지이었다면, 충전전압 또는 부동충전전압은 얼마가 나올까? 아마도 충전기 상태에 따라 다르겠지만 적어도 12V 이상 측정될 것이다. 물론 13~15V가 측정될 수도 있다.

이 말은 유감스럽게도 고장난 축전지(이제부터 「불량 셀」이라 하자)라도 충전 중인 전압은 정상전압이 측정된다는 뜻이다.

다시 말하면 충전 중일 때 전압을 측정해 보면 모두 정상이고 불량 셀을 찾아내기 어렵다는 것이다.
여러 가지 경우가 있는데, 한 경우는 1.2V 수소전지가 부동충전 전압은 1.32V이었으나 부동전압은 0.84V가 측정된 경우가 있고, 또 다른 경우는 부동충전전압과 부동전압 모두 1.2~1.3V로 측정되었지만 방전전압이 0.6V 이하로 나오는 경우도 있다.

따라서 제일 신뢰성 있는 전압은 방전전압이다.

신뢰성 수준으로 평가한다면 신뢰성이 높은 순으로 방전전압→부동전압→부동충전전압→충전전압이라 하겠다.

방전전압이 낮은 축전지는 반드시는 아니지만 대부분 충전전압이 타 축전지에 비해 높게 나온다. 그 원인에 대해서는 후에 테스트 부분에서 설명하도록 하겠다.

유지보수 관리 시기

보다 쉽게 그림으로 설명해 보자.

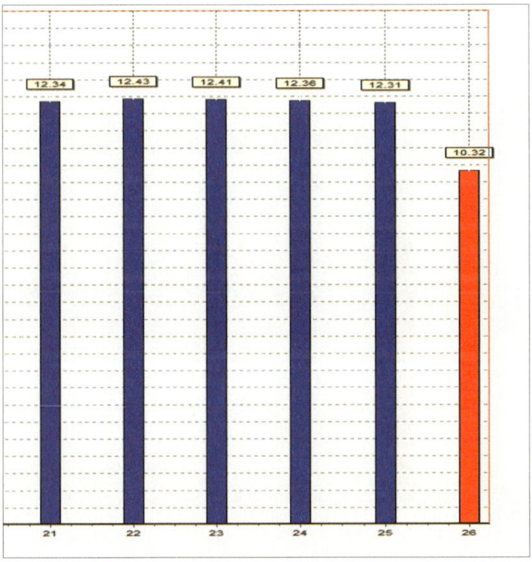

[그림 5-2] 축전지 부동전압

[그림 5-2]는 12V 26셀로 구성된 축전지 중에서 일부를 발췌한 것으로 그림에서 보면 26번 축전지의 상태가 제일 안 좋아 보인다. 앞서 설명한 대로 전압에는 부동충전전압과 부동전압 그리고 방전전압이 있다고 했다. 위의 그림을 보면 누구라도 26번을 교체할 것이다.

필자도 그랬을 테니까.
그러나 혹시나 하는 마음에 위의 축전지에 방전을 걸어보았다.
결과는 어땠을까?
만약 [그림 5-2]의 전압 측정한 것만을 보고 26번만 교체하였다면 이후 정전이 되었을 때 어떻게 되었을까?

49

다음 그림을 살펴보자.

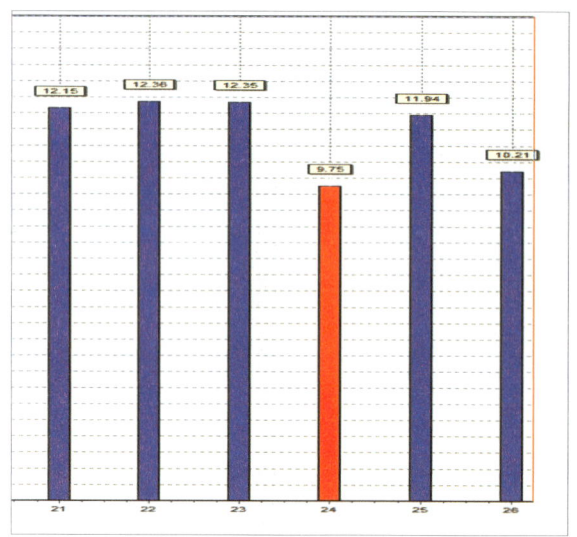

[그림 5-3] 축전지 방전전압

[그림 5-3]은 방전 10초 후의 전압을 측정한 것이다. 아마도 26번만을 교체하였다면 모르긴 몰라도 정전되었을 때 24번 때문에 호되게 당했을 것이다.

이런 이유로 방전전압이 가장 신뢰성이 높다고 한 것이다.

방전을 해 보지 않았다면 어땠을까를 상상해 보라.
모든 점검에서 왜 부동상태하에서 하여야 하는지 이해가 되셨으리라 생각된다. [그림 5-3]에는 없지만 부동충전 중일 때는 26번 축전지의 전압도 정상이었다.

(3) 축전지 점검 - 월간/분기/반기/연간 및 초기/특별점검

IEEE(전기전자엔지니어협회) 권고안에서는 축전지 점검을 5가지로 분류하여 권고하고 있다. 그 내용을 정리하면 다음과 같이 풀이할 수 있다.

5.2.1 Monthly

A monthly general inspection should include a check and record of

a) Overall βoat voltage measured at the battery terminals
b) Charger output current and voltage
c) Ambient temperature and the condition of ventilation and monitoring quipment
d) Visual individual cell/unit condition check to include
  1) Cell/unit integrity for evidence of corrosion at terminals, connections, racks, or cabinet
  2) General appearance and cleanliness of the battery, the battery rack or
     cabinet and battery area, including accessibility
  3) Cover integrity and check for cracks in cell/unit or leakage of electrolyte
  4) Excessive jar/cover distortion

5.2.2 Quarterly

A quarterly inspection should include the items in 5.2.1 and a check and record of the following(values recorded and observations made should be compared to initial inspection values):

a) Cell/unit internal ohmic values(see D.4).
b) Temperature of the negative terminal of each cell/unit of battery(see B.3).
c) For applications with a discharge rate of 1 h or less, a representative sample of the intercell connection detail resistances(minimum 10% or six connections). If an upward trend is detected from the initial readings, measure all connection resistances, determine the cause, and take corrective action as needed. Test different connections each quarter.(See D.1.)

5.2.3 Semiannual

A semiannual inspection should include the items of 5.2.1 and 5.2.2, as well as a check and record of the voltage of each cell/unit.

5.2.4 Yearly and initial

The yearly inspection and the initial installation should include the items in 5.2.1, 5.2.2, and 5.2.3, and a check and record of the following:

a) Cell-to-cell and terminal connection detail resistance of entire battery (see D.1)

b) AC ripple current and/or voltage imposed on the battery (see D.5 and consult the manufacturer)

5.2.5 Special inspections

If the battery has experienced an abnormal condition(such as a severe discharge, overcharge, or extreme high ambient temperature), an inspection should be made to ensure that the battery has not been damaged.

Include the requirements for the yearly inspection.

[IEEE Std. 1188-1996중에서 인용]

5.2.1 Monthly

Inspection of the battery on a regularly scheduled basis(at least once per month) should include a check and record of the following:

a) Float voltage measured at battery terminals

b) General appearance and cleanliness of the battery, the battery rack and/or battery cabinet, and the battery area

c) Charger output current and voltage

d) Electrolyte levels

e) Cracks in cells or evidence of electrolyte leakage

f) Any evidence of corrosion at terminals, connectors, racks, or cabinets

g) Ambient temperature and ventilation

h) Pilot-cells (if used) voltage and electrolyte temperature

> i) Battery float charging current or pilot cell specific gravity
> j) Unintentional battery grounds
> k) All battery monitoring systems are operational, if installed
>
> 5.2.2 Quarterly
>
> At least once per quarter, a monthly inspection should be augmented as follows. Check and record the following:
>
> a) Voltage of each cell
> b) Specific gravity of 10% of the cells of the battery if battery float charging
>   current is not used to monitor state of charge
> c) Electrolyte temperature of 10% or more of the battery cells
>
> 5.2.3 Yearly
>
> At least once each year, the quarterly inspection should be augmented as follows. Check and record the following:
>
> a) Specific gravity and temperature of each cell.
> b) Cell condition. [This involves a detailed visual inspection (see Annex E for guidelines) of each cell in contrast to the monthly inspection in 5.2.1.
>   Review manufacturer's recommendations.]
> c) Cell-to-cell and terminal connection resistance. (See Annex F.)
> d) Structural integrity of the battery rack and/or cabinet.
>
> 5.2.4 Special inspections
>
> If the battery has experienced an abnormal condition (such as a severe discharge or overcharge), an inspection should be made to ensure that the battery has not been damaged. Include the requirements of 5.2.1, 5.2.2, and 5.2.3.

[IEEE Std. 450-2002 중에서 인용]

간단히 풀이하면, 월간 점검과 분기, 반기, 연간 및 초기 그리고 특별점검 등으로 나뉘어지며, 업그레이드된 1188-2005에서는 반기점검(Semiannual)이 삭제되었고 DC float current(per string)에 대한 내용이 추가된 것 외에는 별 다른 점이 없다.

제5장 축전지 유지보수 관리

▶ **월간 점검 항목으로는**

전체 부동전압, 충전기 출력전류와 전압, 실내 온도, 통풍과 모니터링 장비가 있다면 그 상태 등을 점검하도록 하고 있고 터미널과 연결 장치 등의 부식상태, 누액점검 및 청결상태 그리고 외관 변형 등을 점검하라고 권고하고 있다.

▶ **분기 점검**

항목으로는 월간 점검 항목에 추가하여 내부저항과 ⊖극의 온도 및 각 셀별 전압을 측정할 것을 권고하고 있다.

▶ **연간 점검**

월간 점검 항목과 분기 점검 항목에 추가하여 전체 축전지의 셀 간 터미널 연결 저항과 배터리에 영향을 주는 AC ripple 전류나 전압을 확인할 것을 권고하고 있다.

이상은 밀폐형 축전지에 관한 권고사항인 1188-1996을 요약한 것이고 개폐형에 관한 권고안인 450-2002는 1188-1996에 추가하여 전해액에 관한 내용이 들어가 있는데, 전해액의 비중과 전해액의 양 등에 대해 권고하고 있다. 여기에서 가장 유의할 점이 내부저항 측정에 관한 것인데 별도의 번호를 부여하여 설명하도록 하겠다.

(4) 축전지 내부저항 측정법

축전지 내부저항 측정은 밀폐형과 개폐형의 기준이 조금 다르다.
밀폐형의 경우 1188-1996에서는 기준값 대비 20%를 초과할 경우로 정하고 있고 업그레이드된 1188-2005에서는 그 기준을 대폭 완화하여 30~50% 초과로 변경 개정하여 권고하고 있다.
한편, 개폐형은 기준값 대비 100% 초과를 권고하고 있으며, 다만 컨덕턴스 측정법을 택한 경우 50% 초과를 권고하고 있다.

이상으로 기준에 대한 권고안을 설명하였는데, 내부저항값이 기준값 대비 권고값을 초과하였을 경우 어떻게 할 것인가 하는 것이 관

유지보수 관리 시기

건인데, 간혹 내부저항 측정기를 판매하는 회사가 내부저항만을 측정하여 교체의 기준을 삼으면 된다고 고객들에게 설명하지만 이 설명은 많이 와전된 것이다.

D.4 Cell/unit internal ohmic measurements

a) These measurements provide information about circuit continuity and can be used for comparison between cells and for future reference.

b) The internal impedance of a cell consists of a number of factors including: the physical connection resistances, the ionic conductivity of the electrolyte and the activity of the electrochemical processes occurring at the plate surfaces. With multicell units, there are additional contributions due to intercell connections.

The resultant lumped impedance element can be quantified using techniques such as the following:

1) Impedance measurements can be performed by passing a current of known

   frequency and amplitude through the battery and measuring the resultant ac voltage drop across each cell/unit.

   The ac voltage measurement is taken between the positive and negative terminals of individual cells or the smallest group of cells possible.

   Compute the resultant impedance using Ohm's law.

2) Conductance measurements can be performed by applying a voltage of known frequency and amplitude across a cell/unit and observing the ac current that flows in response to it. The conductance is the ratio of the ac current component that is in-phase with the ac voltage, to the amplitude of the ac voltage producing it.

3) Resistance measurements can be performed by applying a load across the cell/unit and measuring the step change in voltage

and current. The ohmic value is calculated by dividing the change in voltage by the change in current.

c) When measurements are taken, the type of test equipment used, the test points selected, the cell/unit voltages, and the cell/unit temperatures measured at the negative terminal posts should be recorded.

d) Impedance and resistance are inversely related to conductance. If a cell's ohmic value changes, it may be an indication that the cell's capacity is changing.

Cell/unit ohmic values measured will vary with the specific measurement techniques and the conditions under which the measurements are taken. Impedance and resistance are inversely related to conductance.

If a cell's ohmic value changes, it may be an indication that the cell's performance is changing.

Significant changes in the values typically indicate a significant change in the cell, which may be reflected in its performance. However, limited changes in the specific values obtained do not necessarily indicate that the cell is free of defect or deterioration.

In the absence of specific guidelines from the instrument manufacturer, changes in ohmic values in excess of 20% should be considered significant.

Such changes should be discussed with the battery manufacturer. In the absence of consultation with the battery manufacturer, a performance test should be run to determine the reliability of the battery system.

e) Replacement criteria are application specific. The timing of further action or replacement is dependent on the type of service the battery supplies. A battery that is used in noncritical, light drain applications may be left in service longer than a battery exposed to critical, high-rate or long-duration applications.

[IEEE Std. 1188-1996중에서 인용]

Annex J(informative)

Alternate inspection methods

Internal ohmic measurements [conductance, impedance, and resistance measurements] can be used in the field to evaluate the electrochemical characteristics of battery cells.

The measurements can provide possible indication of battery cell problems and may identify those cells that have internal degradation.

The results obtained by the different types of technology or slight changes in instrumentation for a particular technology are not the same. The measurement data will differ with each style and model of instrument. The consistent use of the same type and model of instrument will provide the most consistent results. If internal ohmic measurements are taken with different types or model instruments on a given cell, the data must be carefully evaluated because of the above described difference in this measurement technology.

All internal ohmic readings should be taken in a consistent manner (e.g., at full charge and as close as possible to the same temperature [If readings cannot be taken at close to the same temperature, contact your test set manufacturer for correction factors]). Baseline measurements should be taken within 6 months of installation.

The results of the internal ohmic measurement should be investigated when a significant change in cell measurements occurs over a period of time. Significant changes (e.g., over 100% for impedance and resistance measurements and 50% for conductance measurements) in the internal ohmic value of a cell are an indication of internal cell degradation. Changes less that these values may indicate possible problems, which could be confirmed by a discharge test.

The internal ohmic characteristics of a cell consists of a number of factors, including the physical connection resistances, the ionic conductivity of the electrolyte, and the activity of electrochemical processes occurring at the plate surfaces.

제5장 축전지 유지보수 관리

> With multi-cell units, there are additional contributions due to intercell connections.
> After making initial measurements using the particular technique, the observed values should be recorded as baseline values. The type of test equipment used, the test points selected, cell/unit voltages, and electrolyte temperatures should be recorded for future reference.

[IEEE Std. 450-2002 중에서 인용]

위 내용을 간추려 보면, 내부저항 측정 방법에는 임피던스 측정법, 레지스턴스 측정법 그리고 컨덕턴스 측정법 3가지가 있고, 이중 어떤 방법을 사용해도 무방하나 한번 선택하여 사용하였다면 그 방법을 계속 사용해야 한다고 되어 있다.

또한, 내부저항 측정 시 측정 포인트를 결정하여 전압과 온도를 측정하고 기록하라고 권고하고 있다.

그리고 셀 내부저항의 변화(20% 초과)가 감지되면 용량의 변화를 암시하는 것이니 배터리의 신뢰성을 확인하기 위하여 성능 테스트를 실시하여야 한다고 권고하고 있다.

그러나 업그레이드된 1188-2005에서는 셀 내부저항의 변화폭을 30~50%로 상향 조정하여 권고하고 있고, 「성능테스트는 반드시 실시되어야 한다.」는 문구 대신에 「축전지 메이커나 측정기 메이커와 상의해라.」라고 권고하고 있다.

또한, 1188-2005에서는 1188-1996에서 명시되지 않은 기준값 설정에 대해 권고하고 있는데, 내용은 축전지 설치 운영 약 6개월 후 축전지가 충분히 안정된 후에 내부저항값을 측정하여 기준값으로 정할 것을 권고하고 있다.

개폐형 축전지(환수촉매형 포함)에 관한 권고안인 IEEE 450-2002에서는 본문에는 내부저항 측정 항목이 존재하지 않지만 부록에서 역시 내부저항을 대체 점검 방법으로 제시하고 있는데, 측정 시

유지보수 관리 시기

같은 조건(만충전상태, 온도 등)에서 측정하여야 하며, 초과 범위는 임피던스와 레지스턴스는 100% 초과, 컨덕턴스는 50% 초과 시 심각한 상태이므로 방전시험으로 확인할 것을 권고하고 있지만, 아마도 밀폐형과는 달리 전해액을 육안으로 확인할 수 있기 때문에 본문에서는 크게 다루지 않은 듯하다.

내부저항 측정법을 간략히 다시 정리해 보자.
① 내부저항 측정 시 측정 포인트를 설정하고 관계자들끼리 측정 포인트를 정한다.
② 축전지 설치 6개월 이후 내부저항을 측정하여 기준값을 설정한다.

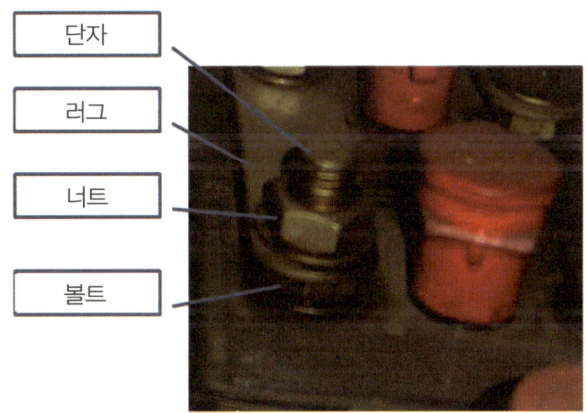

[그림 5-4] 내부저항 측정 포인트

③ 분기별로 한 번 실시하되 반드시 축전지 개별 기준값을 설정하여 기록 관리한다.
④ 내부저항 측정 시 축전지의 내부저항 이외에 온도와 결선 저항을 측정, 기록 관리한다.

내부저항 측정 이후의 조치 방법에 대하여는 뒷부분을 참조하기 바란다.

(5) 내부저항 측정의 득과 실

내부저항을 축전지 관리에 도입하고자 한다면, 우선적으로 고려되어야 할 사항은 축전지 도입시기부터 내부저항으로 관리하여야 한다는 것이다.

축전지 도입 6개월 경과 후 내부저항값을 측정하여 그 측정된 내부저항값을 기준값으로 삼아 분기에 한 번씩 측정하여 축전지의 트렌드를 분석하는 것이다.

앞서 설명했듯이 축전지의 내부저항 측정은 사람으로 말하면 혈압을 재는 것이다. 사람은 태어나면서부터 고유의 혈압을 가지게 된다. 태어나면서부터 고혈압 또는 저혈압으로 태어나는 사람이 있고 정상 혈압으로 태어나는 사람이 있다.

정상 혈압을 가진 사람이 이미 콜레스테롤 등의 영향으로 고혈압이 되었는데 그때부터 혈압을 관리하겠다고 하면 그 기준이 애매모호하기 때문에 고혈압을 기준값으로 하여 관리하겠다는 것밖에 안 된다.

내부저항도 마찬가지이다. 초기부터 내부저항을 측정하여 그 측정값을 기준으로 얼마만큼의 변화가 있었는지 파악하여 기록 보관 한다면 매우 유용한 자료가 될 것이다.

그러나 이미 설치된 지 2년, 3년 경과된 축전지를 내부저항으로 관리한다면 그것처럼 위험한 관리가 없다. 이미 나빠질 대로 나빠진 축전지의 내부저항을 측정하여 뭘 어떻게 하겠다는 건가?

무엇을 기준으로 판단하겠다는 건가? 간혹 이런 경우가 있다. 축전지 전체를 측정하여 평균값을 내서 그 평균값을 기준값으로 한다는… 이런 바보 같은 경우가 어디 있는가?

이미 상태가 안 좋아진 축전지의 내부저항을 측정해서 그 값을 기준으로 한단 말 아닌가? 그 값이 무얼 의미하는가? 그건 그저 현재의 내부저항값일 뿐이다. 얼마만큼 좋은 것인지, 얼마만큼 나빠진 것인지 모르고 그 값을 기준으로 30%가 초과되어서 나빠졌다 판단한다면, 얼마인지도 모르는 기준값보다 100% 초과된 값이라면 어찌

할 텐가?
 또 이런 경우도 있다. 축전지를 새로 사서 모두 내부저항값을 측정해 보라. 다 같지 않다. 내부저항값이 서로 다르다. 그럼에도 불구하고 어떤 이는 축전지 메이커에서 제공하는 내부저항값을 기준값으로 하여 측정하고 판단하는 경우가 있다. 그나마 나은 방법이기는 하지만 이 역시 좋은 방법이라 할 수 없다.

 혈압이 피(혈액)의 흐름에 관한 것이라면, 내부저항은 전류의 흐름에 관한 것이다. 본래부터 혈관이 두꺼운 사람이 있고, 혈관이 얇은 사람이 있다. 심장이 박지성 선수처럼 튼튼해서 혈액을 온 몸 구석구석 잘 공급해 주는 사람도 있지만, 심장이 약해서 혈압이 낮은 사람도 있다.
 축전지도 만들어지면서 그렇게 될 수 있다. 그래서 축전지 메이커에서 제공하는 내부저항값보다는 설치 후 측정한 내부저항값이 진정 그 축전지의 혈압이고 내부저항인 것이다.
 내부저항이 기준값에 비해 초과됐다는 것은 전류의 흐름이 그만큼 원활하지 못하다는 증거이다. 축전지는 ⊕, ⊖단자와 극판 그리고 전해액 등으로 구성되어 있다. 전해액이 부족해도 내부저항은 변화하고 극판이 설페이션(sulphation)되어도 내부저항은 변하며, 단자가 부식되어도 내부저항은 변한다.

 또한 충전 상태 그리고 온도, 전해액의 양, 전해액의 비중 등 너무나도 많은 변수를 가지고 있는 것이 내부저항이다. 단자가 부식되어 내부저항이 높게 나온 것을 단지 내부저항이 높게 나왔다는 이유로 교체할 것인가? 단자 부식은 닦으면 없어진다.
 이처럼 많은 변수에 의해 내부저항은 변화하므로 필자는 반드시 방전시험을 하라고 권하고 싶다. 방전시험에 관하여는 뒤에 자세히 논하겠지만, IEEE 역시 방전시험(성능 테스트)을 실시할 것을 권고하고 있다.

제5장 축전지 유지보수 관리

다음은 내부저항과 용량과의 상관관계이다.

81	82	83	84	85	86	87	88	89	90
0.34	0.87	0.67	0.60	1.63	2.51	1.57	0.43	0.62	1.33
91	92	93	94	95	96	97	98	99	100
0.72	0.51	0.39	0.44	0.57	0.60	1.02	0.16	0.54	2.26

[표 5-1] 임피던스 측정값

[표 5-1]은 현재 운영 중인 축전지의 내부저항을 임피던스 측정법으로 측정한 값이다. 이 내부저항값으로만 판단한다면 85번, 86번, 87번, 90번, 97번, 100번은 이미 교체 대상이고 교체하여야 마땅하다.

그러나 이 축전지 운영자는 현명하게도 방전시험을 실시하였다. 성능 테스트를 실시한 것이다. 그 결과가 다음 그림에 있다.

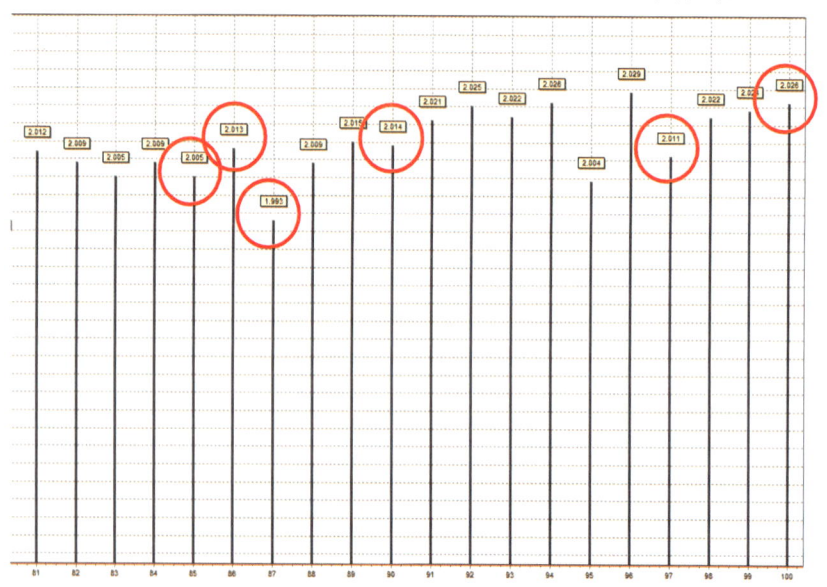

[그림 5-5] 방전시험 결과: 0.1C로 3시간 방전 후 전압 데이터

쉬운 이해를 위해 내부저항값과 방전 결과를 표로 만들어 보자.

유지보수 관리 시기

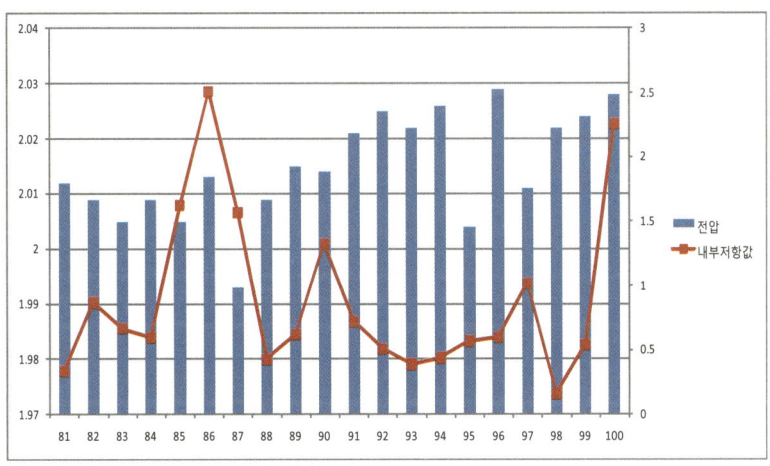

[그림 5-6] 내부저항과 전압의 상관관계

[그림 5-6]을 보면 내부저항이 높게 나온 것은 전압이 상대적으로 낮게 나와야 하고 내부저항이 낮게 나온 것은 상대적으로 전압이 높게 나와야 하지만, 실제와는 동떨어진 모습이 보인다. 내부저항과 전압은 반비례하여야 한다. 그래야 내부저항으로 축전지의 좋음과 나쁨을 따질 수 있다. 그러나 실제로는 그렇지 않다.
너 쉬운 이해를 위해 내부서항과 전압을 표로 나타내고 내림차순으로 정리했다.

셀 번호	내부저항 값	전압
81	0.34	2.012
82	0.87	2.009
83	0.67	2.005
84	0.6	2.009
85	1.63	2.005
86	2.51	2.013
87	1.57	1.993
88	0.43	2.009
89	0.62	2.015
90	1.33	2.014
91	0.72	2.021

셀 번호	내부저항 값	전압
92	0.51	2.025
93	0.39	2.022
94	0.44	2.026
95	0.57	2.004
96	0.6	2.029
97	1.02	2.011
98	0.16	2.022
99	0.54	2.024
100	2.26	2.028

셀 번호	내부저항값	셀번호	전압
86	2.51	96	2.029
100	2.26	100	2.028
85	1.63	94	2.026
87	1.57	92	2.025
90	1.33	99	2.024
97	1.02	93	2.022
82	0.87	98	2.022
91	0.72	91	2.021
83	0.67	89	2.015
89	0.62	90	2.014
96	0.6	86	2.013
84	0.6	81	2.012
95	0.57	97	2.011
99	0.54	82	2.009
92	0.51	84	2.009
94	0.44	88	2.009
88	0.43	85	2.005
93	0.39	83	2.005
81	0.34	95	2.004
98	0.16	87	1.993

[표 5-2] 내부저항과 전압 비교표

그나마 87번은 내부저항에 의해 걸러졌지만 그 나머지 85, 86, 90, 97, 100번은 내부저항과는 차이를 보인다.
[표 5-2]에서 알 수 있듯이 내부저항 측정의 신뢰도는 최대 70% 정도이다.

한 가지 예를 더 들어 보겠다.
다음은 2V, 180셀 축전지 팩 중 측정값의 일부를 발췌 한 것이다. 1번부터 45번 셀까지의 내부저항과 용량을 비교하여 보면 다음 표와 같다.

셀번호	1	2	3	4	5	6	7	8	9	10	11	12	13	14	15
내부저항	0.178	0.256	0.259	0.254	0.259	0.256	0.258	0.256	0.261	0.258	0.260	0.260	0.255	0.259	0.262
용량	110.2	111.2	111.1	111.2	111.2	111	111.3	111.2	111.2	111.1	111	111.5	111.2	111.4
셀번호	16	17	18	19	20	21	22	23	24	25	26	27	28	29	30
내부저항	0.253	0.261	0.259	0.257	0.257	0.258	0.256	0.257	0.257	0.254	0.258	0.260	0.251	0.259	0.255
용량	111.3	111.3	111	111.4	110.8	111.8	111.4	110.9	112.1	110.6	111.2	111.4	111.3	111.3	111.2
셀번호	31	32	33	34	35	36	37	38	39	40	41	42	43	44	45
내부저항	0.256	0.251	0.255	0.259	0.260	0.258	0.258	0.258	0.257	0.258	0.260	0.260	0.269	0.265	0.176
용량	111.4	111.2	111	111.9	111.4	110.9	110.9	111.2	110.9	111	110.8	111	111.6	110.7	110.3

[표 5-3] 내부저항과 용량 비교표

위의 축전지는 설치된 지 1년이 경과되었고 기대수명은 12년이다. 위의 [표 5-3]을 살펴보면, 1번 셀과 45번 셀의 경우 태생적으로 저혈압으로 태어난 축전지이다. 기타 나머지 축전지는 내부저항값이 고르게 분포되어 있다. 메이커에서 제시하는 위 축전지의 내부 고유지힝은 0.300㎡Ω이고 측정 포인트는 체결된 볼드 니드를 무시하고 각 축전지의 단자를 측정 포인트로 하여 측정한 것이다.
위의 표에 나타낸 용량은 방전시험을 통해서 얻어진 용량이며 축전지 자체가 가지고 있는 용량을 %로 환산한 것이다.
표를 분석해 보자.
단순하게 보면 위의 축전지 중 나쁜 셀은 하나도 없다.
메이커에서 제시하는 내부저항값을 벗어난 것도 없고 평균값을 계산하여 그 평균값을 기준값으로 해서 비교하여 보아도 역시 크게 벗어난 것은 없다.
이와 같이 내부저항을 초기에 측정하지 않은 상태에서 내부저항값을 일률적으로 적용한다면 1번 축전지와 45번 축전지는 영원히 안전하고 이상 없는 축전지로 판정될지도 모른다.
위의 표를 다시 그래프로 그려보았다.

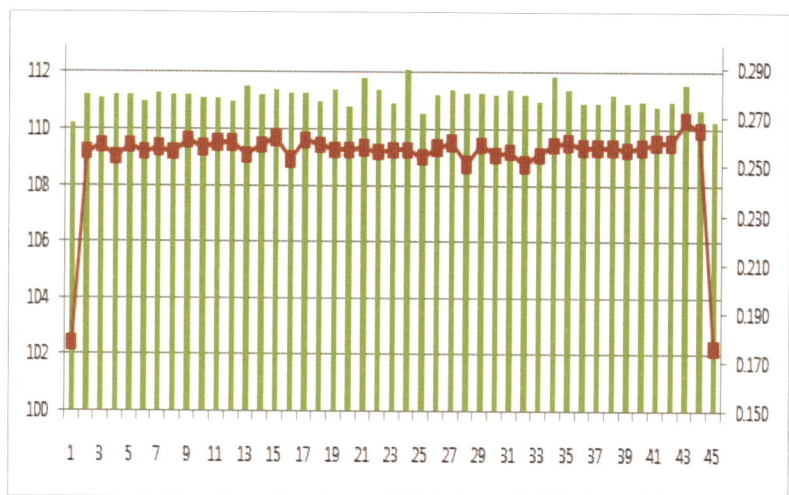

[그림 5-7] 용량과 내부저항 상관관계 그래프

축전지 내부저항과 용량의 상관관계는 정률적이지 않다는 것을 알 수 있다.

축전지의 내부저항으로 판단한다면 1번, 45번 축전지를 제외한 나머지 축전지는 이미 상태가 나빠졌다고 판단할 텐가? 아니면 1번과 45번을 무시하고 나머지 축전지는 정상이라고 판정할 텐가!

내부저항은 각각의 축전지에 대한 트렌드를 읽기 위한 툴이다.

지금 측정하는 내부저항값들을 일률적으로 적용한다면 오판하기 십상이다.

만약 이 값들을 기준값으로 하여 측정해 나간다면 1번 축전지와 45번 축전지는 0.3mΩ에 도달하면 이미 기준값의 약 170%를 넘기게 되고 말 것이며, 내부저항 판정에 의하면 1번 축전지와 45번 축전지는 내부저항값이 0.23mΩ에 도달할 경우 특별점검에 들어가야 하는 상태가 되어 버린다.

사태의 심각성은 여기에 있다. 무조건적으로 기준값을 적용하면 안 되는 이유 중 하나이다.

내부저항을 현명하게 이용하려면, 우선 축전지 도입 초기부터 내부저항을 관리해야 한다. 평균값이 아닌 개별 축전지 별로 기준값을 설정하여야 하며 지속적으로 측정 기록 관리하여야 한다.

그리고 정기적으로 측정하여야 한다. 분기에 한 번 정도가 적당하다.
내부저항과 함께 전압과 온도를 측정하여야 한다. 온도까지 측정할 수 있는 내부저항 측정기도 있지만, 가격이 비싸다면 적외선 온도계를 이용하는 방법도 좋다. 적외선 온도계의 가격은 대략 10만원 이내이며, 측정 거리에 따라 오차가 발생할 수 있으니 20~30cm 이내에서 측정하면 된다.
이때 가능한 한 배터리를 충전기로부터 분리하고 측정하여야 한다. 그래야 오차를 줄일 수 있다. 배터리 분리 스위치 하나만 내리면 되는 간단한 일이다. 그게 귀찮으면 회사를 퇴사해라.

운동 중에 혈압을 재는 사람은 없을 것이다. 또 계단을 오르고 난 뒤 바로 혈압을 재는 사람도 역시 없다. 그렇게 하는 의사도 없을 것이다. 모든 상태가 안정이 된 후에 혈압을 재야 정확한 혈압을 잴 수 있는 것은 상식이다. 내부 저항도 마찬가지이다. 내부저항 측정은 사람으로 말하면 혈압을 재는 것이라고 앞에서 설명하였다.
정상혈압이 얼마인지 알아야 그 사람의 상태가 어떤지 판단할 수 있는 것이다. 혈압이 상승했는지 아니면 저혈압인지, 고혈압인지 판단할 수 있는 것이다.
그리고 갑작스럽게 혈압이 상승했다면 정밀검사에 들어가는 것이다. 체지방은 얼마인지 몸에 수분은 부족하지 않은지, 짠 음식을 자주 섭취하지는 않았는지, 매운 음식을 좋아하지는 않는지, 콜레스테롤을 과다 섭취하여 혈관을 막고 있지는 않은지 등등 여러 가지를 종합 판단하여 식습관을 바꾸거나 운동을 통해 다이어트를 한다든지 하는 대책이 나오는 것이다.
여기에 축전지를 대입하면 답이 나온다. 내부저항이 갑작스럽게 상승했다면 축전지 내부에 뭔가 문제가 생긴 것이다(기준값을 반드시

측정한 이후). 그렇다면 정밀진단을 해야 한다. 무슨 문제인지 알아야 한다.

단순 부식 때문인지, 전해액은 충분한지, 전해액 비중은 적당한지, 충전전류는 과하지 않은지, 충전전압은 적당한지 등등. 그리고 최종적으로 성능 테스트를 실시하는 것이다.

이런 과정을 거친 후 사람의 병을 진단하고 진단에 의해 혈관이 막혔다면 수술 또는 치료를 시행하는 것이지, 근본적인 원인 제거 없이 단지 내부저항이 나쁘다는 이유로 축전지를 교체하는 것은 또 다른 축전지가 나빠질 확률이 높다는 것이고 반복적으로 다른 축전지도 나빠질 수 있다는 뜻이다. 단지 혈압이 나빠졌다는 이유로 사람을 안락사시켜 죽게 하는 것과 마찬가지가 되는 것이다.

사람은 아프지 않고 특별한 이상이 없음에도 불구하고 연간 1회 정도 신체검사 내지는 정밀진단이나 내시경 같은 검사를 받는다. 그럼 축전지는 어떻게 해야 할까? 축전지도 마찬가지다. 정기적인 검사와 정밀진단을 받는 것이 좋다는 것을 모르는 사람은 없을 것이다.

축전지 한번 교체하려면 웬만한 월급쟁이 일 년치 연봉 이상이 소요된다. 이런 문제를 그냥 넘어갈 텐가? 또한 돈도 돈이지만 신뢰성 확보가 더욱 중요한 이런 시설을 내부저항만으로 판단하는 것은 너무 무모하지 않은가?

한 예로, ○○통신회사의 경우 BMS(Battery Management System)의 본격적인 도입을 위하여 시범 설치를 하였다. BMS라는 것이 사무실에 앉아서 축전지의 내부저항과 온도를 감시 관리하는 것인데, 정전이 되어 예비전원이 작동해야 함에도 불구하고 BMS를 설치한 예비전원이 작동하지 않아 낭패를 겪은 적이 있다. 이 회사는 이후 BMS를 철거하고 매년 운영 중인 전체 축전지에 대하여 방전시험을 실시하고 있고, 방전 데이터가 축전지 교체 문서에 첨부

되지 않는 한 축전지 교체 결재가 이루어지지 않는다고 한다.
이 통신회사는 실제로 방전시험을 통해 축전지의 신뢰성 확보는 물론이고 축전지 교체에 소요되는 비용 중 매년 수억 원씩을 절감하고 있다.

내부저항은 축전지의 트렌드를 읽고 분석하기 위한 도구(tool)로서는 매우 유용한 도구이지만 교체 판단의 근거가 될 수 없다는 것을 알아야 한다.
BMS도 마찬가지이다. BMS는 축전지의 감시 장치이다. 감시 장치는 감시 장치일 뿐 진단장치가 아니다. 진단과 감시는 구분되어야 한다. 더군다나 감시 장치는 부동충전상태를 감시한다.

부동충전상태에서의 모든 측정(전압)을 비롯하여 내부저항값을 포함한다. 사실상 온도와 전류를 제외하고는 그다지 믿을 만한 데이터라고 보기에는 무리가 있다. 이것이 볼트 너트의 풀림이라든지 부식이라든지 하는 것을 감지하기에 매우 좋은 툴이라는 데는 이견이 없다.

그러나 이러한 감시 장치를 마치 판정의 기준인 양 여기는 것은 혈압만 재고 「당신은 암입니다.」하는 것과 같은 것이다. 여러분이 병원에 가서 혈압 재고 피검사한 다음 의사가 「당신은 암입니다. 수명이 6개월 남았으니 준비하시는 게 좋겠습니다.」 하면 그럴 의사도 없겠거니와 그런다 한들 그대로 믿을 텐가?

아마도, 여러분은 「좀 더 정밀한 검사를 해봅시다.」 하지 않겠는가?

(6) 개선조치

IEEE에서는 정기적인 점검에 의해 얻어진 데이터들을 통하여 개선 조치를 할 것을 권고하고 있다.
그 내용은 다음과 같다.

> 5.3 Corrective actions
>
> 5.3.1 Immediate
>
> The following items indicate conditions that should be corrected prior to the next general inspection:
>
> a) If resistance readings obtained in 5.2.2 item c) are more than 20% above the installation value or above a ceiling value established by the manufacturer, or if loose connections are noted, retorque and retest. If terminal corrosion is noted, clean the corrosion and check the resistance of the connection. If the retested resistance value remains unacceptable, the connection should be disassembled, cleaned, reassembled, and retested. See D.1.
>
> b) When cell/unit internal ohmic values deviate by a significant amount from either the installation value, or from the average of all the connected cells/units, additional actions are needed. (See D.4 for guidance.)c) If any electrolyte is found, determine the source and institute repair or replacement.
>
> When excessive dirt is noted on cells or connectors, wipe with water-moistened clean wiper. Remove any electrolyte seepage on cell covers and containers with a bicarbonate of soda solution 0.1 kg to 1L(1lb to 1gal) of water. Do not use hydrocarbon-type cleaning agents (oil distillates) or strong alkaline cleaning agents, which could cause containers and covers to crack or craze. Use extreme care when cleaning battery systems to prevent ground faults (see clause 4).d) When the float voltage, measured at the battery terminals, is

유지보수 관리 시기

> outside of its recommended operating range, the charger voltage should be adjusted. The float voltage may require temperature compensation (see annex B).
>
> 5.3.2 Routine
>
> The following items indicate conditions that, if allowed to persist for extended periods, can reduce battery life. They do not necessarily indicate a loss of capacity. Therefore, the corrective action may be accomplished prior to the next quarterly inspection, provided that the battery condition is monitored at regular intervals.
>
> a) If any cell/unit voltage is below its respective critical minimum voltage as specified by the manufacturer, corrective action, which includes an equalizing charge, should be given (see D.3). Do not charge at rates above the manufacturer's recommendation for the specific ambient temperature involved.
>
> b) When cell temperatures deviate more than 3° C (5° F) from each other during a single inspection, determine the cause and correct. If sufficient correction cannot be made, contact the manufacturer for allowances that must be taken.
>
> c) See the annexes for a more detailed discussion of these abnormalities and the urgency of corrective actions.

[IEEE Std.1188-1996 중에서 인용]

내용은 복잡하지만 쉽게 설명하면,

우선 첫 번째로 연결저항에 관한 것인데, 연결저항이 초기 수치보다 20% 이상이거나 느슨해졌다면 조여주고 재시험하여야 하며, 부식이 되었을 시에는 부식을 제거하고 연결저항을 확인해야 한다. 만약, 조치 이후에도 개선이 되지 않았다면 분해 재조립하여야 한다. 이것은 연결저항이 느슨해지면 연결부위에서 열이 나고 전류의 흐름이 원활해지지 않기 때문이다.

다음으로 언급되는 것이 내부저항의 변화인데 앞서 설명했듯이 내

제5장 축전지 유지보수 관리

부저항의 변화란 1188-1996에서는 기준값 대비 20%, 1188-2005에서는 30~50%의 변화이다. 이러한 변화를 감지하였을 경우 성능 테스트를 실시하여야 한다. 성능 테스트 없이 내부저항의 변화만으로 교체 여부를 판단하는 것은 금물이다. 교체가 필요 없는 축전지가 교체되는 것은 비용상의 문제가 될 뿐 시스템 운영에 문제될 것이 없지만, 반드시 교체되어야 할 축전지가 교체되지 않는 것은 큰 문제를 발생시킨다. 성능 테스트에 대한 세부적인 내용은 뒷장에서 다룰 것이다.

다음으로 언급되는 것이 전해액의 누액에 관한 것인데, 전해액의 누액은 여러 가지 원인이 있을 수 있다. 과충전에 의한 끓음이 있을 수 있고 축전지 외관에 깨짐이 발생하여 누액이 될 수도 있으며, 기타 원인이 있을 수 있는데, 어떤 원인이냐에 따라 교체 또는 수리를 하여야 한다. 깨짐일 경우 무조건 교체하는 것이 좋다. 기타의 경우는 보통 수건으로 닦아도 무방하긴 하나, 중탄산염을 수건에 묻혀 닦아내면 된다.

또한 축전지 수명에 관계되는 사항이 있는데,
축전지의 개별 전압이 최저 전압 이하 또는 높은 온도가 지속적으로 유지되면 축전지 수명에 영향을 주게 되는데, 이때는 균등충전을 실시하거나 또는 개별 충전기를 이용하여 최저 전압 이상을 유지하여 주거나, 적정 온도를 유지하여 주어야 한다. 축전지 제조업체마다 균등충전을 권하지 않는 메이커가 있으니 이 부분은 축전지 메이커의 규정에 따르는 것이 좋겠다.

높은 온도가 지속된다는 것은 곧 전해액이 증발된다는 뜻이다. 전해액을 보충해 줄 수 있는 개폐형의 경우는 다르지만, 밀폐형은 전해액 보충 자체가 안 되므로 특히 온도에 주의해야 한다. 25℃를 기준으로 축전지 온도 8℃가 올라갈 때마다 수명의 절반이 줄어든다고 생각하면 틀리지 않는다. 물론 지속적으로 높은 온도가 유지될 때의 경우이다. 적정온도 유지가 여의치 않은 장소라면 혹서기만이라도 30℃ 이내로 유지할 것을 당부한다.

다음은 개폐형 축전지에 대한 개선 조치 사항이다.

> 5.3 Corrective actions
>
> The corrective actions listed in 5.3.1 through 5.3.3 are meant to provide optimum life of the battery.
>
> However, the corrective actions in themselves will not guarantee that the battery is completely charged at any given time. Annex A through Annex G provide some technical background for the recommended actions and their timing, and provide other methods for determining the state of charge of a battery.
>
> 5.3.1 Cell/Battery problems
>
> The following items indicate conditions that can be easily corrected prior to the next monthly inspection.
>
> Major deviations in any of these items may necessitate immediate action.
>
> a) When any cell electrolyte reaches the low-level line, distilled or other approved-quality water should be added to bring the cells to the manufacturer's recommended full level line. Water quality should be in accordance with the manufacturer's instructions.
>
> b) If corrosion is noted, remove the visible corrosion and check the resistance of the connection.
>
> c) If resistance measurements obtained in 5.2.3, item c) or 5.3.1, item b) are more than 20% above the installation value or above a ceiling value established by the manufacturer/system designer, or if loose connections are noted, retorque and retest. If retested resistance value remains unacceptable, the connection should be disassembled, cleaned, reassembled, and retested.

Refer to IEEE Std 484-1996 for detailed procedures. See also D.2 and Annex F.

d) When cell temperatures deviate more than 3° C from each other during a single inspection, determine the cause and correct the problem. If sufficient correction cannot be made, contact the manufacturer for allowances that must be taken.

NOTE—hen working with large multi-tier installations, the 3° C allowable deviation may not be achievable. The user should contact the manufacturer for guidance.

e) When excessive dirt is noted on cells or connectors, remove it with a water-moistened clean wipe. Remove electrolyte spillage on cell covers and containers with a bicarbonate of soda solution mixed 100 grams of soda to 1 liter of water. Avoid the use of hydrocarbon-type cleaning agents (oil distillates) and strong alkaline cleaning agents, which may cause containers and covers to crack or craze.

f) When the float voltage measured at the battery terminals is outside of its recommended operating range, it should be adjusted.

5.3.2 Equalizing charge

Item a) though item d) in this subclause indicate conditions that, if allowed to persist for extended periods, can reduce battery life.

They do not necessarily indicate a loss of capacity. Therefore, the corrective action can be accomplished prior to the next quarterly inspection, provided that the battery condition is monitored at regular intervals (not to exceed one week). Note that an equalizing charge normally requires that equalizing voltage be applied continuously for 24 hours or longer. (Refer to the manufacturer's instructions.)

Single cell charging is an acceptable method when a single cell or a small number of cells appear to need equalizing.

a) An equalizing charge is desirable, if individual cell float voltage(s) deviate from the average value by an amount greater than that recommended by the manufacturer. Typical recommendations are ±0.05V for lead-calcium cells and ±0.03V for lead-antimony cells.
b) An equalizing charge should be given if the specific gravity, corrected for temperature, of an individual cell falls below the manufacturer's lower limit (see D.4).
c) An equalizing charge should be given immediately if any cell voltage is below the manufacturer's recommended minimum cell voltage (see C.1).
d) Some manufacturers recommend periodic equalizing charges. This equalizing charge can be waived for certain batteries based on an analysis of the records of operation and maintenance inspections (see Clause 9).

5.3.3 Other abnormalities

Correct any other abnormal conditions noted. See Annex D for a more detailed discussion of these abnormalities and the urgency of the corrective actions.

[IEEE Std.450-2002 중에서 인용]

간략해 보면 밀폐형과 개폐형의 가장 큰 차이는 전해액을 보충할 수 있는가 없는가의 차이다. 또한 전해액의 양이 적당한지 육안으로 확인할 수 있다는 점이다.

밀폐형이 전해액의 보수를 하여야 한다는 불편한 점은 있지만 무엇보다 육안으로 확인할 수 있는 점은 큰 장점이다.

개선조치 사항으로는
1) 전해액의 양을 확인하여 보충할 것
2) 결선에 부식이 있다면 제거하고 결선저항을 재확인할 것
3) 결선저항이 초기값보다 20% 이상인 경우 분해 후 재조립(재 토크)할 것

4) 타 축전지들에 비해 온도가 3℃ 이상 벌어진 것들은 원인 분석 후, 해결이 안 될 경우 축전지 메이커와 연락할 것
5) 축전지나 결선 등이 지저분할 경우 젖은 수건으로 닦아내고, 전해액이 흘러 넘쳤을 경우 물 1리터에 소다 100g를 섞어 중탄산염으로 축전지 커버와 컨테이너 등을 닦아낸다.
6) 부동전압이 권고치를 벗어났을 때는 조정되어야 한다.

다음은 균등 충전에 관한 것인데, 균등 충전은 축전지 메이커마다 균등 충전을 실시할 것을 권고하는 메이커가 있는 반면, 균등충전을 권하지 않는 메이커가 있다.
따라서, 균등 충전은 메이커의 권고대로 따르는 것이 좋다고 생각한다.

축전지의 점검과정은 관리자의 노력이다.
이까짓 것쯤이라고 생각한다면 한두 번 점검과정을 지나치게 되고, 그 한두 번 지나치고 모르고 지나가다가 어느 순간엔가는 누액도 발생되고 배부름 현상도 발생하게 된다.

어느 회사의 축전지가 몇몇 셀을 제외하고 모두 폭발한 적이 있다. 이것은 관리와 테스트를 제대로 하지 않은 관리 부실이라고 밖에 설명할 수가 없다. 물론 축전지의 불량일 확률도 크다. 그렇지만 제대로 된 점검과정과 성능 테스트 과정을 거쳤다면 사전에 감지하거나 불량 셀을 검출할 수 있지 않았을까?

불량 셀이 하나 둘 늘어나게 되면, 어느 순간에 축전지가 부하로 돌변해 버린다. 축전지가 부하로 돌변하는 순간 UPS든 정류기든 충전기는 부하에 전류를 공급해 버린다. 불량 셀이 모두 그런 것은 아니지만, 스스로 자가 방전하는 양이 커지게 되면 그런 불량 셀들은 부하로 변한다. 전류를 계속 먹으려 들고 먹으면 바로 토해낸다.
그런데 문제는 멀쩡한 축전지이다. 불량 셀들은 전류를 토해내지만 정상적인 축전지는 전류를 먹게 된다. 그럼 어찌되겠는가? 정상적인 축전지는 과충전이 되어 배부름 현상이 생기게 되고 온도가 올라가기 시작한다. 그럼에도 전류는 계속 공급된다. 이 과정이 지속되면 정상적인 축전지가 하나 둘씩 망가지기 시작한다. 열을 받으면서 온도가 올라가고 온도가 올라감에 따라 내부의 전해액은 마르기 시작한다. 전해액은 마르는데 전류는 계속 공급된다. 이 상황이 지속되면 폭발을 일으킨다. 흔치 않은 일이지만 일어날 수 있는 일이다.

여기서 불량 셀은 용량이 저하된 셀과는 구별하여야 한다. 용량이 저하되는 원인에는 여러 가지 요인이 있다.
전해액의 부족, 전해액의 비중 감소, 내부 극판의 황산화, 내부 극판의 부식, 부식에 의한 극판의 소실, 황산화에 의한 내부 단락, 과충전에 의한 전해액 감소 그리고 제조과정에서 발생되는 여러 가지 불량 요인 등 다양한 원인으로 용량이 저하된다. 그런데 이 중에서 아무리 충전을 해도 자가 방전에 의해 계속해서 전류를 먹는 경우가 있는데, 가장 큰 원인은 황산화이다. 일명 설페이션이라고도 하는데, 이 설페이션 현상이 심해질수록 용량은 저하되고 전압도 당연히 하강한다.

예비전원은 한번 설치하고 나면, 비상사태가 생기기 전까지 단 한 번도 사용하지 않고 교체시기가 다가오는 경우가 대부분이다.
단 한 번의 사용을 위해 예비전원이 존재한다 해도 과언이 아닐 정도로 우리나라의 상용 전원은 안정화되어 있다.
단 한 번의 사용을 위해 존재하는 예비전원이 제 역할을 못한다는 것은 불행한 일일 뿐더러 그 비용은 누가 책임질 것이고 예비전원이 역할을 못한 것은 누구의 책임인가?

제6장

축전지 성능 테스트

축전지

축전지를 건강하게 하는 테스트

1. 축전지 테스트

대한민국 국민이라면 그리고 건강보험 가입자라면 정기적인 건강 검진을 받게 된다.
특별한 이상이 있거나 없거나! 물론 건강검진을 받고 안 받고는 자유다. 그러나 어지간한 사람이라면 다 받을 것이다.
그리고 건강검진을 통해 신체의 이상 유무를 확인하고 간혹, 이 건강검진을 통해 암을 조기에 발견하여 간단한 시술만으로 암을 완치 하는 경우도 있다.

축전지도 마찬가지다. 특별한 이상이 있는 경우에 시행하는 테스트도 있겠지만 이상이 없다 하더라도 정기적인 테스트가 필요하다. 그러다 보면 평소에 알 수 없었던 이상이 발생하기도 한다. 예비전원으로 사용되는 축진지라면 당연히 정기적인 검사가 필요하다. 그럼으로써 언제든 비상사태가 발생하면 이상 없이 예비전원으로서의 역할을 다 할 수 있는 것이다.

간혹 이런 경우를 겪는다. 「축전지 관리는 어떻게 하십니까?」라고 질문을 하면 「우린 5년마다 교체합니다.」 「우린 외주 업체가 있어서 다 맡깁니다.」 「우린 BMS가 설치되어 있어서 문제없습니다.」라는 대답들을 듣게 된다. 참으로 무책임한 대답이다.
5년마다 교체하면 그 5년 이내에는 아무런 문제가 안 생길까?
외주업체가 다 관리하면 어떻게 관리하는지 아는가?
5년마다 교체 할 때 하더라도 축전지의 이상 유무는 알고 교체하여야 하지 않을까? 교체하기 전에 정전이라도 발생되어 문제라도 생기면 누가 어떻게 책임질 것인가? 또 외주업체에 의뢰를 하고 있다면 테스

제6장 축전지 성능 테스트

트는 어떻게 하는지, 어떤 테스트를 하고 있는지 파악하고 있어야하며, 또 응당 이러 이러한 테스트를 1년에 한 번씩 하도록 지시 할 수 있지 않는가!

[그림 6-1]을 보시라. 어떤 축전지가 고장 난 불량 셀 일까?

[그림 6-1] 단자 부식

답은 둘 다 정상이다. 부식만 닦고 테스트 해보니 둘 다 정상이었다. 만약 정상이라는 것을 몰랐을 경우는 어떻게 해야 하나?

무엇으로 판단 할 것인가? 사용 년 수로 판단할 것인가? 아니면 이 상태에서 전압을 측정해 볼 것인가? 내부저항으로 판단하는 것인가? 이 상태에서 내부저항을 측정하면 당연 불량으로 나타난다. 원인은 부식이니 내부저항이 높게 나타날 밖에 없다.

육안으로 볼 땐 잘 모를 것이다. 두 축전지 모두 고장 난 거 같기도 하고, 아닌 거 같기도 하고, 이럴 때 바로 테스트가 필요한 것이다.
또 이런 경우도 있다.

축전지를 건강하게 하는 테스트

[그림 6-2] 전해액 누액

[그림 6-2]를 보면 어떤 축전지가 불량 일까? 3번과 16번이라는 글씨가 보인다.
두 축전지 모두 전해액이 누액 되었다.
이건 테스트 해봐야 알 수 있다.
결과부터 알려 드리면 두 축전지 모두 훌륭하게 자기 역할을 하고 있었다. 오히려 누액이 전혀 없었던 33번 축전지가 불량 이었다.
그렇다면 정상인지 아닌지 무엇으로 판단할까?
부동충전전압? 아니면 내부저항?

부동충전전압을 측정하고 내부저항을 측정하고 또 온도를 측정하는 것들은 점검과정의 하나이지 성능을 판단하는 기준은 아니다. 앞서 말씀 드렸듯이 IEEE는 축전지의 점검과 테스트 그리고 교체에 관하여 권고안을 만들어 참조하도록 하고 있다.
이제부터 그 판단 기준이 되는 테스트에 대해 알아보자.

2. 축전지 테스트의 종류

사내 전산장비 운영을 맡고 있는 이 과장
이 과장의 회사는 그룹 내에서 운영 중인 각 회사의 서버가 갑작스런 정전에 의한 서버다운을 방지하기 위해 10대 가량의 UPS를 설치하여 운영하고 있는 회사다.

제6장 축전지 성능 테스트

5년 전에 설치한 이 UPS는 정전 시 축전지가 전원을 공급해 주고 있는데, 축전지 교체 시기는 앞으로 2년 후다. 그동안 정전이 한 번도 없었기 때문에 UPS가 정상적으로 동작하는지 알 수가 없어서 UPS 점검을 받기로 했다.

다음날 회사로 출근한 이 과장은 UPS 점검이 가능한 업체를 선정하고 A회사와 계약을 하고 UPS 점검을 의뢰하였다.

며칠 후 A사의 직원이 방문하여 UPS의 충전 전압과 충전전류, 인버터 등을 점검하고 축전지의 내부저항과 전압을 체크한 결과, UPS는 별다른 이상이 없었지만 축전지는 D조에서 내부저항이 높게 나타난 것이 꽤 있으니 D조의 축전지를 교체 하는 것이 좋겠다는 의견이었다. 이에 이 과장은 그럼 내부저항이 좋지 않은 것만 교체 하면 안 되겠는가 물었더니 A사의 직원은 축전지는 일부 교체 하는 것 보다는 전체를 교체 하는 것이 좋다고 말 하였다. D조 한조를 교체하는 비용은 약 5천만 원이다.

이 상황에 이 과장은 과연 어떻게 해야 할까?

> ▶ 축전지 테스트의 종류는 3가지
> ① 검수(Acceptance) 테스트
> ② 성능(Performance)테스트
> ③ 듀티사이클(Duty Cycle) 테스트

듀티사이클 테스트는 일명 서비스 테스트라고도 한다.
3가지 테스트는 모두 방전을 통하여 이루어지게 된다. 다만, 방전하는 방법이나 시간이 다를 뿐이다.

6. Test description and schedule

6.1 General

The following schedule of tests can be used to determine whether the battery meets its specification or the manufacturer''s rating, or both(6.2): Periodically determine whether the performance of the battery is within acceptable limits(6.3); and if required, determine whether the battery, as found, meets the design requirements of the system to which it is connected(6.4). Recording test data (<u>battery voltage and individual cell voltage during the capacity test and the capacity to end-of-discharge voltage</u>) for trending purposes provides the user with a means of predicting future performance and anticipated battery replacement time.

6.2 Acceptance

An acceptance test of the battery capacity(7.5) should be made at the manufacturer's factory or upon initial installation, as determined by the user. The test should meet a specific discharge rate and duration relating to the manufacturer's rating or to the purchase specification's requirements.

All inspections listed in 5.2 should also be completed before performing an on-site acceptance test.

Batteries may have less than rated capacity when delivered. Unless 100% capacity upon delivery is specified, the initial capacity of every cell should be at least 90% of rated capacity. <u>This may rise to rated capacity after several charge--discharge cycles or after a period of float operation</u>(IEEE Std 4854).

These acceptance criteria should be based on a time-adjusted calculation(7.4.2.2), running the full published rate.

An acceptance test should also establish the baseline capacity for trending purposes. If the time adjustment method(7.4.2) will be used for future performance tests, then the above time-adjusted calculation can be used for the baseline. If the rate adjustment method(7.4.3) will be used for future testing, then an additional capacity calculation should be performed in accordance with 7.4.3.5 to establish the baseline.

6.3 Performance

A performance test of the battery capacity (7.5) should be made upon installation. It is desirable for comparison purposes that the performance tests be similar in duration to the battery duty cycle.

Batteries should undergo additional performance tests periodically. When establishing the interval between tests, factors such as design life and operating temperature should be considered. It is recommended that the performance test interval should not be greater than 25% of the expected service life or two years, whichever is less. The expected service life may be significantly less than the warranty period.

The recommended interval assumes that an on-site acceptance test was performed with acceptable results.

Acceptable results are defined as the capacity of each cell exceeding 90%, and the capacity of all cells are within 10% of the average cell performance. For batteries that were not acceptance tested on site or had unacceptable results, the first performance test should be given within one year of installation.

Capacity testing may also be warranted within the recommended interval where internal ohmic values have changed significantly between readings and/or significant physical changes have occurred to the cells (e.g., leakage, bulging, etc.).

Annual performance tests of battery capacity should be made on any battery that shows signs of degradation or has reached 85% of the service life expected for the application. Degradation is indicated when the battery capacity drops more than 10% from its capacity on the previous performance test or is below 90% of the manufacturer''s rating.

If performance testing is to be used solely to trend the capacity of the battery, then perform requirement a) through requirement g) of 7.2.

If performance testing is to be used to reflect maintenance practices as well as trending, then omit requirement a), perform requirement b) but take no corrective action unless there is a possibility of permanent damage to the battery, and perform requirement c) through requirement g) of 7.2.

If on a performance test that is used to reflect maintenance practices, the battery does not deliver its expected capacity, then the test should be repeated after requirement a) and requirement
b) of 7.2 have been completed.

When the battery is required to supply varying loads for specified time periods (a load duty cycle), the performance test may not substantiate the battery''s capability to meet all design loads, particularly if high rate, short-duration loads determine the battery size.

6.4 Service

This is a test of the battery''s ability, as found, to satisfy the design requirements (battery duty cycle) of the dc system. When a service test is conducted on a regular basis, it will reflect maintenance practices when requirement a) and requirement b) of 7.2 are not performed. Trending battery voltage during the critical periods of the load duty cycle will provide the user with a means of predicting when the battery will no longer meet design requirements. If the system design changes, sizing (IEEE Std 485) will have to be reviewed and the service test will have to be modified accordingly.

[IEEE Std.1188-2005 중에서 인용]

제6장 축전지 성능 테스트

> 6. Test schedule
>
> The schedule of tests listed in 6.1 through 6.4 is used to
>
> a) Determine whether the battery meets its specification or the manufacturer's rating, or both.
>
> b) Periodically determine whether the performance of the battery, is within acceptable limits.
>
> c) If required, determine whether the battery, as found, meets the design requirements of the system to which it is connected.
>
> 6.1 Acceptance
>
> An acceptance test of the battery capacity (see 7.4) should be made, as determined by the user, either at the factory or upon initial installation. The test should meet a specific discharge rate and be for a duration relating to the manufacturers rating or to the purchase specifications requirements.
>
> Batteries may have less than rated capacity when delivered. Unless 100% capacity upon delivery is specified, initial capacity can be as low as 90% of rated. Under normal operating conditions, capacity should rise to at least rated capacity in normal service after several years of float operation.

[See IEEE Std 485-1997]

> 6.2 Performance
>
> a) A performance test of the battery capacity(see 7.4) should be made within the first two years of service. It is desirable for comparison purposes that the performance tests be similar in duration to the battery duty cycle.
>
> 6.2 Performance
>
> a) A performance test of the battery capacity(see 7.4) should be made within the first two years of service. It is desirable for comparison purposes that the performance tests be similar in duration to the battery duty cycle.

축전지를 건강하게 하는 테스트

b) Batteries should undergo additional performance tests periodically. When establishing the interval between tests, factors such as design life and operating temperature (see Annex H) should be considered. It is recommended that the performance test interval should not be greater than 25% of the expected service life.

c) Annual performance tests of battery capacity should be made on any battery that shows signs of degradation or has reached 85% of the service life expected for the application. Degradation is indicated when the battery capacity drops more than 10% from its capacity on the previous performance test, or is below 90% of the manufacturers rating. If the battery has reached 85% of service life, delivers a capacity of 100% or greater of the manufacturer's rated capacity, and has shown no signs of degradation, performance testing at two-year intervals is acceptable until the battery shows signs of degradation. If capacity is calculated by the rate-adjusted method(see 7.3.2.2), degradation can be indicated by a capacity drop of less than 10% from the previous test, depending on the discharge rate. Contact the manufacturer for further guidance.

d) If performance testing is to be used to reflect baseline capacity or benchmark(the most accurate form of battery trending) capacity of the battery, then perform requirements a) through f) of 7.1. If performance testing is to be used to reflect maintenance practices as well as trending, then omit requirement a), perform requirement b) but take no corrective action unless there is a possibility of permanent damage to the battery, and perform requirements c) through f) of 7.1. If on a performance test that is used to reflect maintenance practices, the battery does not deliver its expected capacity, then the test should be repeated after the requirements of 7.1 a) and b) have been completed.

제6장 축전지 성능 테스트

> 6.3 Service
> A service test of the battery capability(see 7.5) may be required by the user to meet a specific application requirement. This is a test of the battery's ability, as found, to satisfy the battery duty cycle. A service test should be scheduled at the discretion of the user at periodic times between performance tests. When a service test is also being used on a regular basis it will reflect maintenance practices. When a battery has shown signs of degradation, service testing should be performed on its normal frequency and performance testing should be performed on an annual basis.

[IEEE Std. 450-2002중에서 인용]

위의 사례는 가장 일반적으로 일어나는 상황을 사례를 통해 알아본 것이다.

A회사의 직원은 UPS를 점검하고 이상이 없음을 확인하였지만 축전지는 그 중 내부저항이 안 좋은 것이 있으니 D조 한조를 전량 교체 하자는 의견을 제시 하였다. 그렇다면 별도의 성능테스트 없이 내부저항과 전압을 측정하고 단지 5년이 경과 되었고 내부저항이 나쁘다는 이유로 축전지 한조를 전량 교체 하자는 것인데, IEEE 권고안의 측면에서 보면 이과장과 A사의 직원은 몇 가지 오류를 범하고 있다.

3. 이과장의 오류

(1) 검수테스트에 관한 오류

이 과장은 5년 전, 축전지를 구입 설치하고 검수테스트를 실시하지 않았다.
축전지는 초기 도입 시 구입한 용량의 축전지가 제대로 들어왔는지, 용량에 이상은 없는지 등을 확인 하여야 하며, 초기 검수테스트로 용량을 확인 후 그 용량을 기준으로 정기적인 성능 테스트를 시행 할 때 그 기준 값 대비 어느 정도의 용량 변화가 있는지를 확인하여야 한다.

(2) 내부저항에 관한 오류

앞서 말씀 드렸던 내부저항은 축전지 설치 후 6개월경 측정하여 그 측정값을 기준 값으로 하여 기준 값 대비 몇%를 초과 하였는지 파악하여야 하는데, 이 과장의 경우 기준 값도 모르는 상태에서 A사의 직원이 단지 내부저항이 높다는 의견을 제시 하였음에도 그대로 내부저항 값을 인정한 것이다.

(3) 성능테스트에 관한 오류

이 과장은 내부저항이 높다는 A사 직원의 말만 듣고 축전지 교체를 고려하였다는 것이다. 축전지의 교체에 관하여는 뒷장에서 논의 하겠지만 우선적으로 축전지의 교체는 내부저항의 높고 낮음이 아니라 축전지의 용량에 의한 판단이어야 한다. 축전지의 용량은 성능테스트를 통해서 만 알 수 있으며, 축전지의 내부저항으로는 용량을 파악하기 어렵다. 또한, 이 과장은 정기적인 성능 테스트를 실시하여야 함에도 불구하고 정기적인 성능테스트를 시행하지 않은 것 역시 이과장의 오류다.

4. A사 직원의 오류

(1) 축전지 교체 기준의 오류

A사 직원은 내부저항과 전압을 측정하여 교체를 권하였다. 하지만 축전지 교체 기준은 내부저항이나 부동충전 전압이 될 수 없다. 내부저항은 기준 값을 측정한 후, 그 기준 값 대비 초과 값을 분석하여 어느 정도 내부저항이 나빠졌는지를 판단하는 것이다. 그러나 A사의 직원은 기준값 없이 단지 절대적인 내부저항 값이 다른 조에 비해 높다는 판단으로 교체를 권고한 것이다.

(2) 축전지 전량 교체의 오류

흔히들 축전지는 일부교체보다는 전량 교체가 좋다고들 말한다. 그러나 이것은 축전지 판매 업체들이 말하는 것이고, IEEE 에서는 일부교체도 가능하다고 권한다.

단, 축전지의 일부 교체 시 유의 할 점은 성능테스트를 통해 정상적인 제품으로 교체 하거나 타 축전지에 비해 저 성능의 축전지로 교체하지 말 것을 유의해야 한다. 이 부분에 대하여는 축전지 교체에 관한 부분을 참조하시기 바란다.

5. 테스트, 어떻게 할 것인가?

흔히들「축전지 방전시험을 한다.」라고 하면, 축전지(조 단위)의 양단(⊕, ⊖)에 방전을 위한 부하를 연결하여 방전을 하게 된다. 그러나 이것은 잘못된 방전시험 방법이다. 방전시험의 첫 번째 조건은 안전한 방전이다. 방전이 축전지에 오히려 해가 되어서는 안 된다. 방전시험 시 반드시 축전지 전체 전압과 개별전압을 종지전압까지 방전시키면서 모니터링 또는 수기로 라도 측정 기록해야 하는데 수기로 측정 기록하는 것은 위험천만한 일이다. 축전지 한조가 110셀로 구성되어 있다면 110셀의 방전 전압을 한번 측정하는데 어느 정도의 시간이 소요될까? 모르긴 몰라도 아마 20~30분은 족히 걸릴 것이다.

다음 그림은 축전지 개별 전압의 방전전압 하강 그래프 이다.

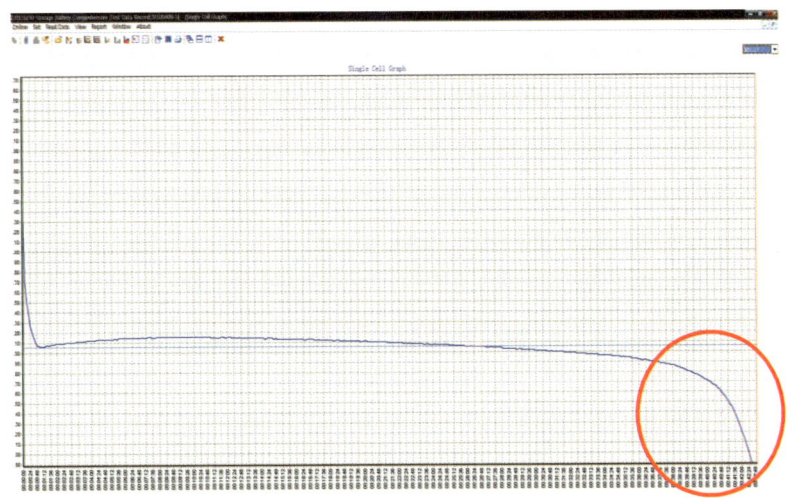

[그림 6-3] 개별 셀 전압 방전 하강 그래프

그래프를 살펴보면, 방전 38분가량부터 갑작스런 전압하강 현상을 보이고 있다. 이 그래프는 셀 전압을 자동 저장하는 장치를 이용하여 얻어낸 그래프이다. 이 그래프처럼 갑작스런 전압하강 현상이 발생한다면 수기로 이런 현상을 알아내기는 좀처럼 쉽지 않다. 축전지는 0V가 될 때까지 방전을 수행 할 수 있다. 그러나 축전지를 0V까지 방전 한다는 것은 그 축전지를 못 쓰게 만들어 버리는 지름길 역할을 한다.
그래서 그 축전지는 충전할 때는 정상 전압이 측정되지만 방전할 때는 금방 0V에 도달하게 되는 고장 난 축전지가 되어버린다.

이 상태에서 정전이 된다면? 곧바로 UPS는 다운되어 버린다. 한 개의 축전지가 0V이면 축전지 한 조 전체가 0V가 되버린다. 축전지는 직렬의 조합이다. 즉, 직렬회로가 끊어지는 현상이 발생하게 된다는 말이다.
이처럼 잘해보자고 수행한 방전시험이 잘못된 방전시험으로 인해 축전지를 망가뜨리게 되는 것이다. 반드시 주의 하여야 할 문제이다. 「우린 방전시험으로 확인 하였으니 문제없겠지.」하는 생각은 오산이다.

방전시험으로 망가진 축전지가 있는지 모르고 다시 충전을 걸면 아무 이상이 없는 것처럼 보이겠지만, 이 축전지 시스템은 정전이 되면 얼마 가지 않아 다운될 것이다.

가끔 이런 말을 듣게 된다. 「우린 방전시험을 전구를 연결해서 전구가 꺼질 때 까지 방전시험을 합니다.」

「아! 이런...」 정말로 이런 방전시험은 하지 마시라. 전구가 꺼졌다면 몇 개의 축전지는 이미 회복 불능 상태로 되어 버린 것이다.

이 무슨 원시적인 방전 시험인가?

첨단 과학시대에 방전시험을 하면서 사람이 전압을 수기로 측정 한단 말인가?

방전시험은 정 전류 또는 정 전력으로 방전하는 것이 좋고 자동기록장치가 내장 되어 있으면 금상첨화이며, 나아가 전압제한 값을 입력하여 방전을 제어 까지 한다면 더욱 좋겠다. 만약 비용을 줄이고자 한다면 실 방전을 수행하면서 자동기록장치만 이라도 구입하여 사용하면 된다.

[그림 6-4] 자동전압 기록장치가 내장된 방전시험기

6. 검수테스트(Acceptance Test)

흔히 축전지를 구입하면 축전지에 붙어있는 라벨이나 별도의 성적서를 통해 구입한 축전지가 제대로 납품 되었는지를 살펴 본 후 설치를 하게 된다. 그리곤 바로 충전을 시작하고「이제 새 축전지 설치했으니 한 동안은 아무 문제없겠지」하고 안심하게 된다.
그러나 이것은 불행의 서곡에 불과한 경우가 이따금 씩 발생한다.
과연 안심해도 될까? 축전지 메이커에서 이 말을 들으면 기분나빠하실 지 모르겠으나 그럼에도 불구하고 불행한 경우가 있다.
「우린 새로 설치한지 얼마 안 되어 축전지 성능진단 필요 없어요.」하는 말들을 자주 듣는다.
「검수테스트는 하신 거죠?」
「성적서 다 받았잖아요?」
「성적서는 그냥 종이잖아요. 500AH짜리 축전지를 구입하셨으면 500AH가 다 들어있는지 확인 하셔야 하지 않아요?」
「.........」
대충 대화는 이렇게 끝이 난다.

모든 축전지 메이커가 이렇게 하진 않는다. 그러나 성실한 축전지 메이커도 제조 과정에서 또 유통과정에서 문제를 일으키는 경우가 발생한다. 그렇기 때문에 검수 테스트가 필요한 것이고 불량 축전지가 하나라도 존재한다면 나머지 전체 축전지는 고물덩어리에 불과해 지기 때문이다.

축전지는 처음 도입하여 용량을 측정해보면 100% 용량을 다 가지고 있는 경우도 있지만 대부분 90~95% 정도의 용량을 가지고 있다면 양호한 축전지라 할 수 있다.
이렇게 90~95%의 용량을 가지고 있는 축전지를 몇 번의 충·방전을 거치거나 부동 충전상태로 몇 달이 지나면 100% 이상의 용량을 나타내게 된다.

실제로 검수 테스트를 실시하여 아래와 같은 그래프를 얻었다. 6V, 250AH 축전지 18셀을 직렬로 연결하여 검수테스트(방전시험)를 실시한 것이다.

그래프를 살펴보면 18셀 중 3번 셀 하나가 타 축전지에 비해 월등히 떨어지는 것을 볼 수 있다.

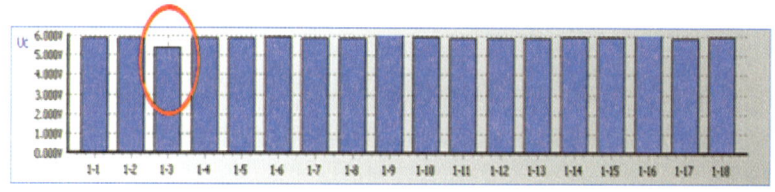

[그림 6-5] 검수테스트 실시하여 불량 셀 검출

[그림 6-5]과 같이 신품 축전지더라 하더라도 불량 셀이 발생 할 수 있다는 것을 유의해야 한다.

그렇다면 검수테스트는 어떻게 실시하는가 하는 문제인데,
검수테스트는 결국 방전시험을 실시하는 것이다. 방전율은 앞서 4장에 있는 축전지 카탈로그를 살펴보면 시간대와 해당되는 방전 전류의 양이 나타난다. 종지 전압을 설정하고 종지 전압을 초과하여 방전하면 안 되므로 유의 하여야 한다. 이때 역시 전압은 반복적으로 측정 기록되어야 한다. 앞서 말씀드린 측정 장비들이 있다면 유용할 것이다.

7. 성능테스트(Performance Test)

검수테스트가 구입 초기 실시하는 검증을 위한 테스트라면 성능테스트는 축전지를 운영 유지하면서 정기적으로 실시하는 테스트다.

항간에 내부저항측정기를 성능진단기 혹은 노화진단기라는 이름으로 판매되는 내부저항측정기가 있는가 하면 BMS(Battery Monitoring System)를 성능진단을 하는 것으로 생각하고 운영하는 축전지 운영자가 있는데 이것은 잘못된 것이다.

내부저항은 점검과정의 하나일 뿐 성능진단의 판단이 될 수 없음을 다시 한 번 말씀 드린다. BMS 역시 마찬가지다. BMS는 축전지의 내부저항과 온도, 그리고 부동충전 전압을 측정하는 감시 장치로 충전 중 갑작스런 전압의 이상 현상과 내부저항을 통해 축전지의 트렌드를 분석하기에는 매우 적합한 장치이나 그 이상의 기능을 기대하는 건 무리다. 이런 말씀에 이의를 제기하시는 분들도 계실 거라 생각하지만 아닌 건 아닌 것이다.
이런 분들께 한 말씀 드린다면 내부저항을 측정한 후 실제 성능테스트를 실시하여 비교 해 볼 것을 권해 드린다.

측정기를 판매하는 판매자는 고객들에게 측정기의 정확한 정보와 기능 그리고 그 효과를 정확히 전달할 의무가 있다. 고객이 혹은 사용자가 그 측정기의 기능과 효과를 정확히 알고 사용 할 때 그 관련 업종은 더욱 발전하고 새로운 기술이 생겨나고 나아가 더 큰 산업이 될 수 있는 것이다.
내부저항 측정기를 진단기로 잘못 오인하여 사용한 사용자 중 피해를 본 일부 고객 중엔 이미 내부저항 측정이라는 기술을 더 이상 신뢰하지 않는 고객이 생겨나고 있음을 알아야 한다. 이것은 지금 당장은 많은 판매로 이어질 수 있을지는 몰라도 먼 훗날에 이 산업의 몰락을 가져올지 모르는 초기현상이기 때문이다.
내부저항 측정이란 기술이 반드시 필요한 기술임에도 불구하고 고객으로부터 등한 시 되고 무시된다면 불행한 일이 아닐 수 없다.
성능테스트는 축전지의 신뢰성을 확보하기 위한 조치다.

축전지를 설치하는 최대의 목적은 비상시 예비전원의 역할이다. 예비전원이 제 역할을 수행하려면 UPS 또는 정류기의 역할도 중요하지만 고장 확률로 굳이 따지자면 UPS 보다는 축전지 이상으로 제 역할을 수행하지 못하는 경우가 더 많다.
그래서 UPS 점검도 역시 중요하지만 축전지 점검과 성능진단이 더 중요하단 점을 간과하여서는 안 된다. 축전지는 직렬의 조합이다. 이 책

제6장 축전지 성능 테스트

의 서론에서 말씀드린 10인 1각 게임. 즉, 축전지가 180개로 구성이 되어 있다면 180인 1각 시스템이 되는 것이다. 축전지에 맞게 말을 바꾼다면 180셀1조 게임이 되는 것이다. 이 180개의 셀 중 어느 한 셀이라도 무너지게 되면 UPS 도 나머지 축전지도 다 무너지고 마는 것이다. 이 중요한 설비중 하나인 축전지를 사람들은 대부분 하찮게 여기는 경향이 있다. UPS는 전문 업체에 유지보수를 맡기면서 축전지는 UPS전문업체가 덤으로 떠안는 경우가 다반사다. 독자들 중엔 이런 경우를 경험 하신 독자도 있을 것이라 생각 된다.

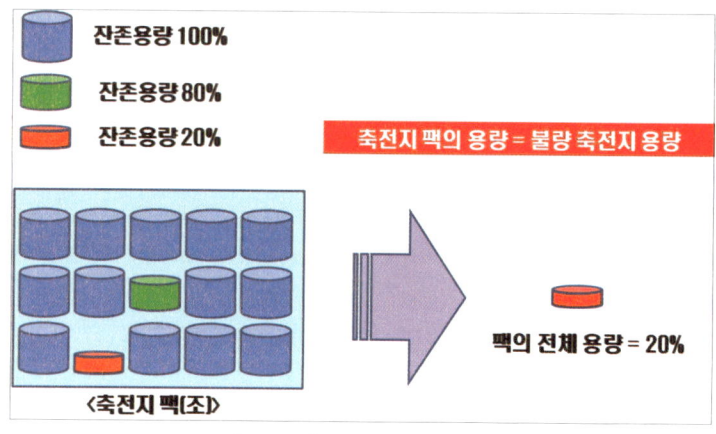

[그림 6-6] 축전지 시스템의 용량

[그림 6-6]을 보면 설치된 축전지 시스템의 잔존용량에 관해 한 눈에 볼 수 있다. 보시는 바와 같이 축전지 시스템의 전체 용량은 가장 적은 용량을 가진 축전지의 용량이 전체 보유용량이다. 나머지 축전지가 아무리 높은 용량을 보유하고 있다 하더라도 그 축전지 시스템의 용량을 좌우 하는 건 가장 낮은 용량이 기준이 된다는 것이다. 그렇다면 어떻게 해야 할까? 축전지 전체를 교체하는 게 상책일까? 아니면 불량 셀 하나를 교체하는 게 상책일까?
제일 낮은 용량을 가진 축전지의 용량을 올리거나 그 축전지를 교체하여 준다면 해결되지 않을까? 그렇다. 그것이 정답이고, 그것을 위해서 성능테스트를 실시하는 것이다.

(1) 성능테스트 인터벌(Interval)

일반적으로 성능테스트의 인터벌은 2년 또는 축전지 기대수명의 25% 기간 중 크지 않은 것을 기준으로 한다. 이 말은 축전지 기대수명이 10년 이라면 2년 또는 2년반 중 크지 않은 것을 기준으로 한다는 말이니 곧 2년에 한 번씩은 성능테스트를 수행하란 말이다. 또한 용량이 저하되는 사인(Signs)이 보이거나 기대수명의 85%에 도달하게 되면 연간 1회 수행 할 것을 권고하고 있고, 저하의 사인이란 이전 성능테스트보다 용량이 10% 이상 저하되거나 축전지 메이커에서 제시하는 용량의 90% 이하 일 때를 뜻한다.

(2) 성능테스트는 어떻게 하는 것인가?

type \ Time	1min	5min	10min	15min	20min	30min	1hr	2hr	3hr	5hr	8hr	10hr
CGS-P200	416	371	315	270	239	197	126	76	56	37	25	20
CGS-P300	624	557	473	406	359	295	189	113	84	56	38	30
CGS-P400	832	743	630	541	478	393	252	151	113	74	51	40
CGS-P500	1040	928	788	676	598	491	315	189	141	93	63	50

Constant Current — Amperes to F.V 1.80Volts Per Cell

[표 6-1] 방전 조건표

위이 표를 보시라.
앞서 말씀드렸다 시피 위의 표는 축전지 메이커에서 제공하는 CGS 시리즈의 방전율 표이다.
CGS-P500을 예로 들면, 2시간 방전 율에서 189A로 정전류 방전하여 종지 전압이 1.80V까지 도달하려면 2시간이 소요된다는 의미이며, 바꾸어 말하면 189A로 1.80V까지 도달하는데 걸리는 시간이 2시간 이내라면 용량이 저하 됐다고 말 할 수 있는 것이다. 2V, CGS-P500 축전지 180셀이 직렬로 이루어진 축전지 시스템이 있다.
성능테스트를 위해 180셀의 양쪽 끝단에 부하를 연결하고 충전기로부터 축전지를 분리한다. 이 때 180셀 각 축전지의 전압을 수기로 측정을 하든 자동 기록 장치를 연결하여 측정을 하던 조치를 취하고 189A로 방전을 시작한다.

제6장 축전지 성능 테스트

10분여가 지나갔을 무렵 10번 셀이 1.8V에 도달하였다.
그렇지만 나머지 축전지는 아직 여유가 있었다면, 10번 셀을 점퍼시키고 우회로를 구성하여야 한다. 10번 셀은 이 축전지 시스템에서 하등에 도움이 되지 않기 때문이다. 오히려 이 축전지 시스템 즉 180셀 1조 게임에서 암적인 존재밖에 되지 않기 때문이다. 그리고 179셀에 대한 방전을 계속 수행한다. 방전이 종료되고 나면 10번 셀은 교체 되어야 마땅하다.
위의 예를 든 것처럼 성능테스트가 수행 되어야 한다.
그래야만이 비로소 축전지 시스템이 안전하고 신뢰가 가는 축전지가 되는 것이다.

8. 서비스 테스트(Service Test)

서비스 테스트는 일명 Duty Cycle 테스트라고도 한다. 서비스 테스트는 정류기 또는 UPS에 물려 있는 부하에 대한 테스트라고 생각하면 간단하다. 즉, 정전이 되었을 때 부하를 끊김 없이 동작시키기 위해 얼마만큼의 전류를 공급해야 하는지에 대한 테스트라고 보면 되겠다.
예를 들면, 정전 시 UPS가 동작될 때 초기 10분 동안은 100A의 전류를 필요로 하고 이후 60분 동안은 70A의 전류를 필요로 하며 또 그 이후 10분 동안은 90A의 전류를 필요로 한다면 전체 1시간 20분 동안의 필요한 전류를 그대로 테스트해 보는 것이다.
단, 이 테스트는 자동으로 전류를 조절하여 스스로 전류를 변화시킬 수 있는 부하기가 있다면 좋겠지만 그렇지 않을 경우는 6분 또는 총 방전시간의 10%를 초과하지 않는 시간 범위 내에서 방전을 멈추었다가 다시 수행할 수 있다.
이 또한 위의 성능 테스트처럼 각 축전지의 전압을 측정 기록하여야 한다. 세부적인 측정법과 용량 산출에 관하여는 이후에 출간 예정인 일명 「축전지 테스트 방법론」을 참조하기 바란다.

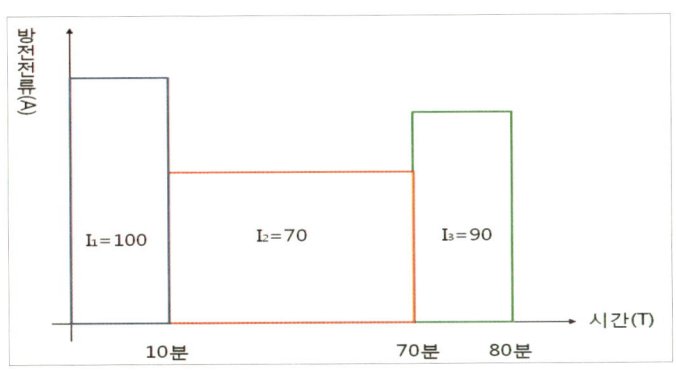

[그림 6-7] 설계 부하의 예

[그림 6-7]의 설계 부하의 예를 보면 총 80분(1시간20분) 간의 부하에 공급해야 하는 전류의 양을 보여주고 있다. 위와 같이 설계를 할 때 예비전원이 설계대로 공급되는지 여부를 보는 테스트를 서비스 테스트, 즉 Duty Cycle 테스트라고 한다.

다음 그림은 실제로 듀티사이클 시험을 수행한 것이다.

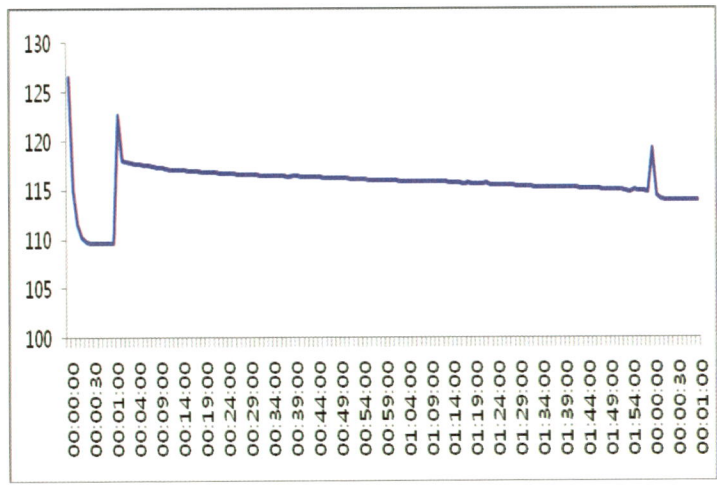

[그림 6-8] 듀티사이클 시험 방전특성곡선

[그림 6-8]은 초기 1분간은 205A, 1시간 58분 동안은 50A 그리고 마

제6장 축전지 성능 테스트

지막 1분 동안은 64A로 방전한 방전특성곡선이다. 그래프를 살펴보면 듀티사이클 시험을 무난히 수행하고 있음을 알 수 있다. 이때 개별 셀 전압을 계속 측정하고 있었음은 물론이다.

다음 그림은 각 시간 동안 방전하면서 측정한 셀의 시작전압과 종지전압 그래프이다.

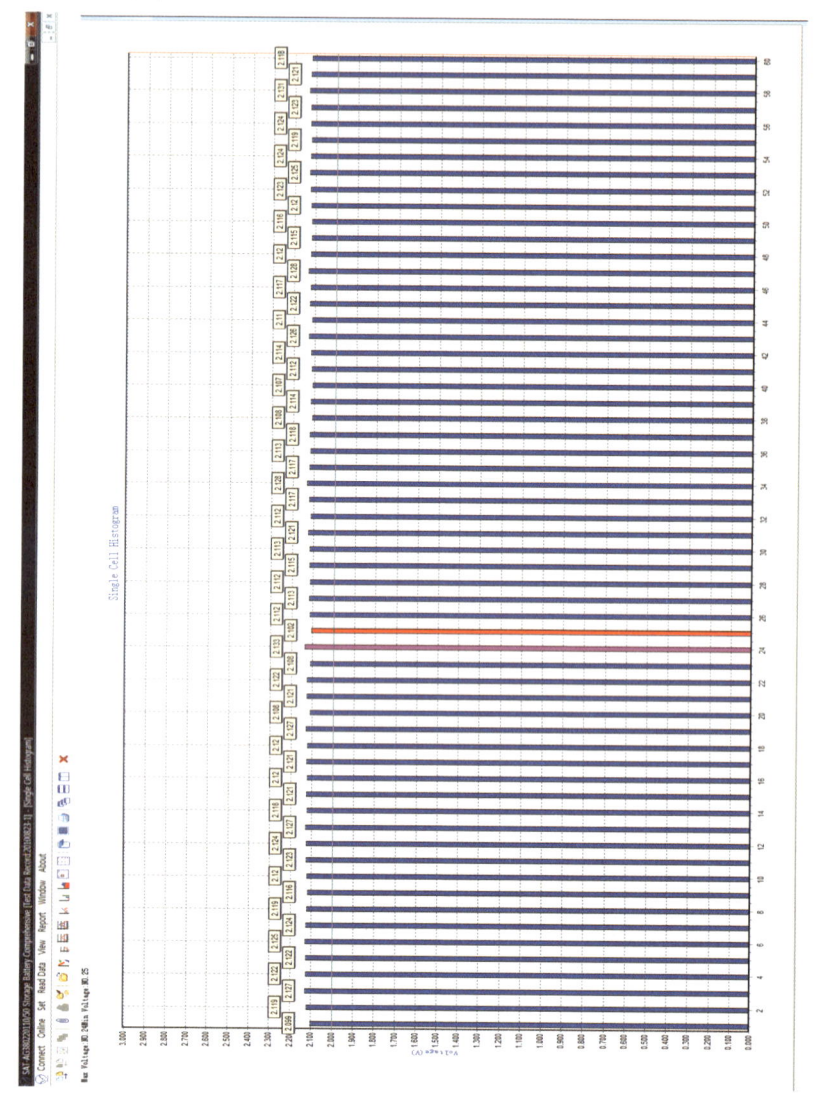

[그림 6-9] 초기 1분 방전 시 시작전압

축전지를 건강하게 하는 테스트

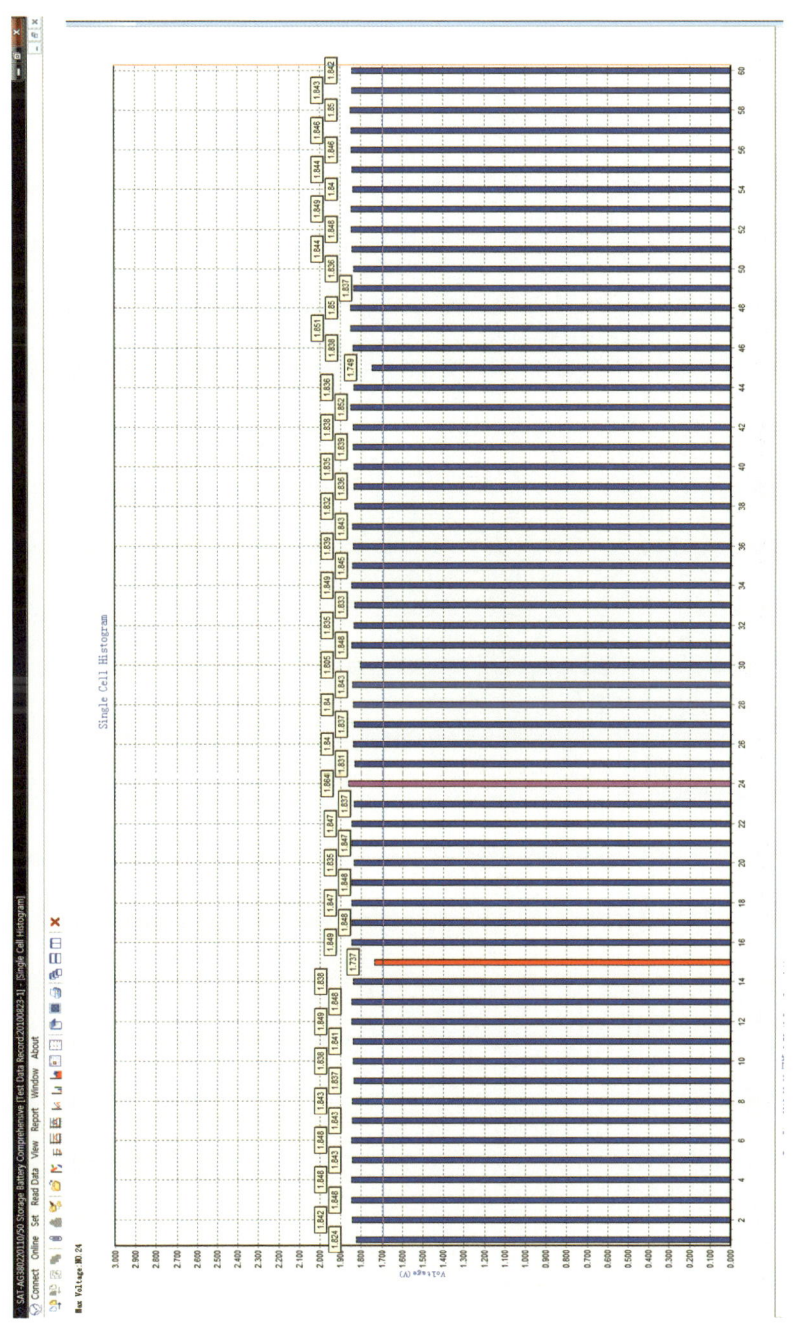

[그림 6-10] 초기 1분 방전 시 종지전압

103

제6장 축전지 성능 테스트

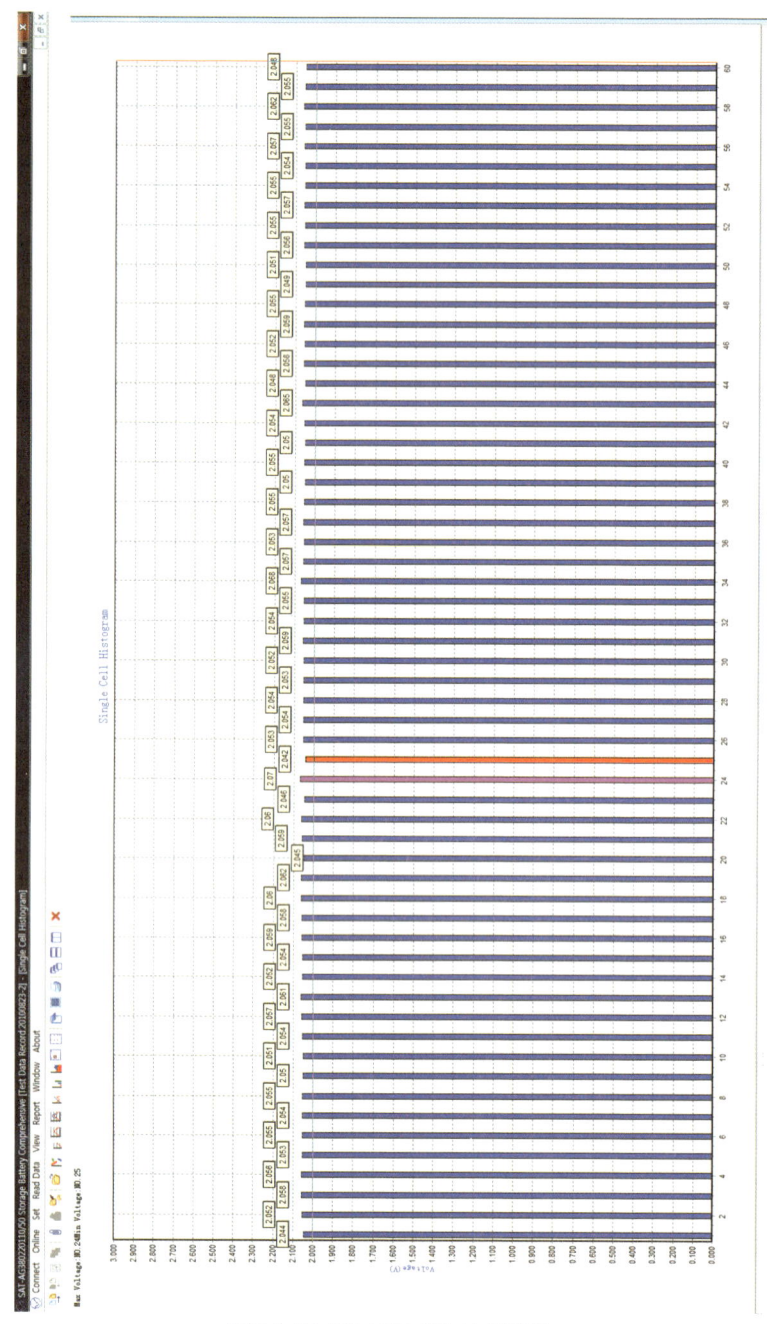

[그림 6-11] 중간 118분 방전 시 시작전압

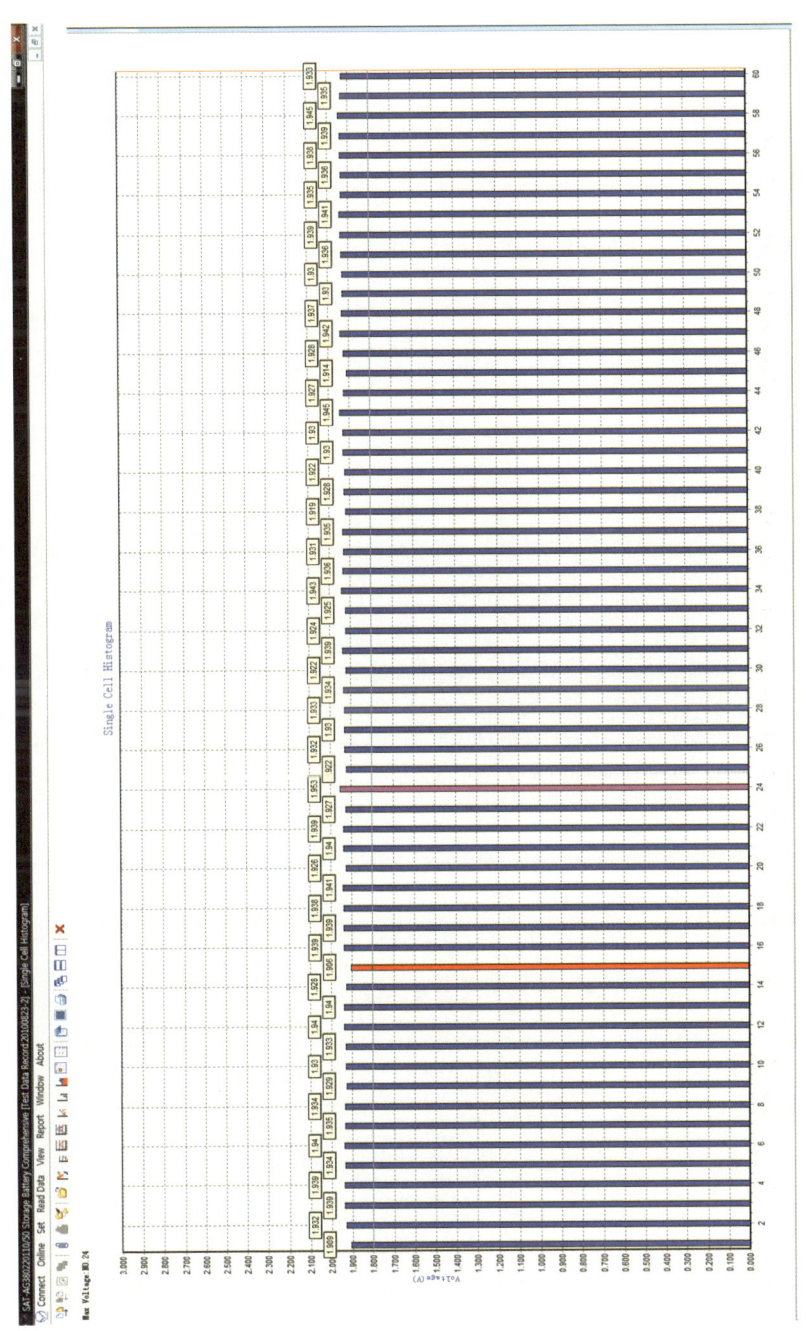

[그림 6-12] 중간 118분 방전 시 종지전압

제6장 축전지 성능 테스트

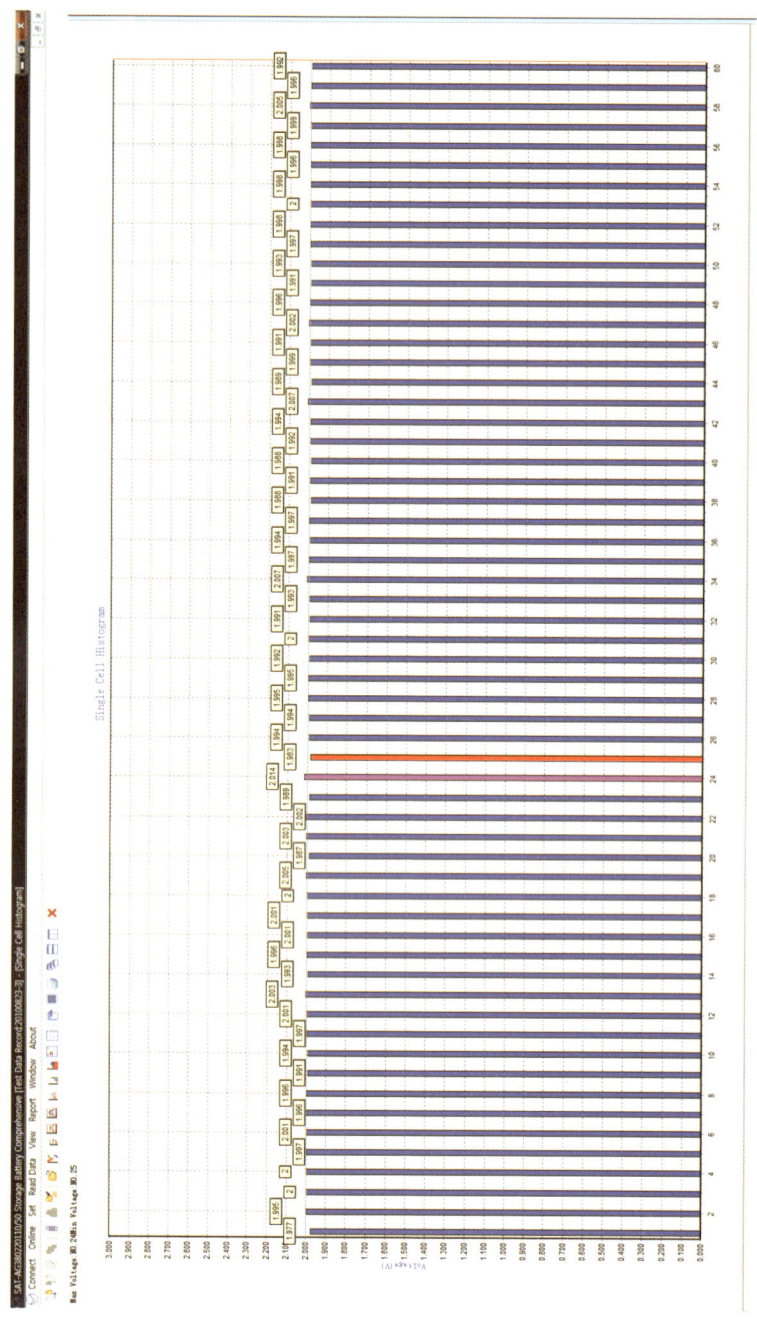

[그림 6-13] 마지막 1분 방전 시 시작전압

축전지를 건강하게 하는 테스트

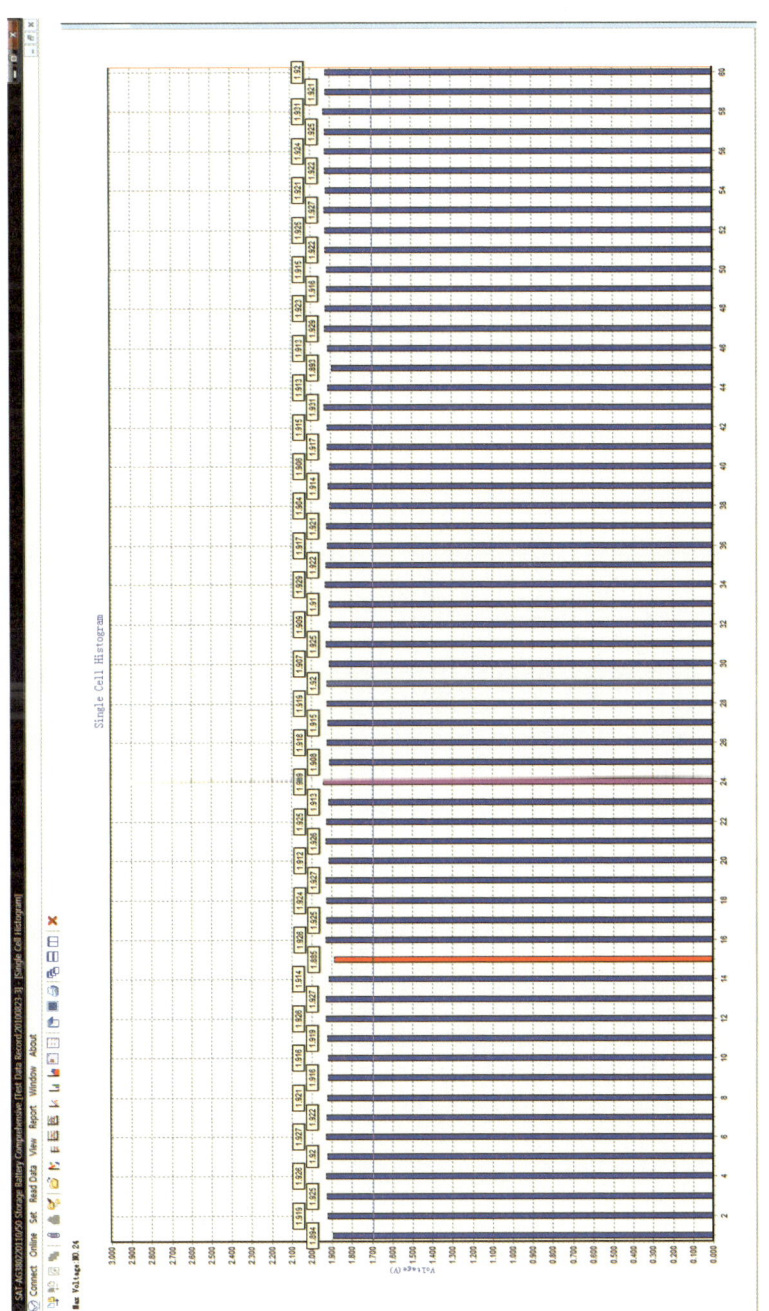

[그림 6-14] 마지막 1분 방전 시 종지전압

제7장

축전지 교체

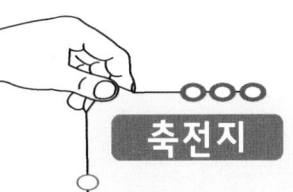
축전지

축전지는 언제 교체하는가?

1. 축전지 교체 시기

박 과장은 굴지의 대기업에 다니는 엘리트이다. 알아주는 과학고를 거쳐 누구나 진학하고 싶어 하는 대학에 대학원을 졸업하고 그야말로 엘리트 코스를 밟아 지금의 대기업에 수석으로 입사하였다. 입사 후 능력도 검증받아 박 과장의 빠른 승진은 불 보듯 뻔한 일이었다.
그런데 얼마 전부터 소화가 잘 안 되고 식사 후에는 늘 속이 더부룩하고 배에 가스가 찬다.

회사 일을 소홀히 할 수 없어 병원도 마다하고 약국에서 급한 대로 소화제 몇 알 먹고 그럭저럭 지내고 있었다.
작년 건강검진 때는 아무 이상이 없었는데 올해 들어 갑자기 몸 상태가 좋지 않다.
혹시나 하는 불안한 마음이 엄습해 왔다.
회사의 중요한 프로젝트에 참여 중인 박 과장은 혹시나 큰 병이면 회사에 누를 끼치는 것도 문제지만 자신의 출세 가도에 문제가 생기지 않을까 두려웠다.
며칠 후 박 과장은 바쁜 와중에 하루 휴가를 신청해서 병원을 찾았다. 진료 예약을 하고 혈압을 재고 소변 검사와 피 검사를 받은 후, 결과를 듣기 위해 의사와 면담을 했다.
의사 왈「특별한 이상은 없지만 혈압이 작년에 비해 상승하였고 그 밖에 이상은 보이지 않습니다만, 소화가 문제가 있다고 하니 내시경을 해 보는 것이 어떻겠습니까?」
박 과장은 의사의 권유로 내시경 검사를 받고 그 결과 큰 이상이 없다 하여 안심이 되었다.

제7장 축전지 교체

또 의사는 박 과장에게 작년 체중에 비해 약 5Kg이 증가하여 체중 때문에 혈압이 상승된 것으로 보이며, 그 밖에 이상은 없으나 혹 스트레스를 많이 받는 일을 하시느냐 물었다. 아마도 스트레스에 의한 신경성 질환으로 의심된다는.......
의사는 박 과장에게 규칙적인 운동과 마음을 편히 가질 것을 권고하고 치료에 필요한 처방을 해주었다. 박 과장은 요즘 프로젝트 때문에 야근이 잦고 운동은 생각지도 못하며 살아온 지난 몇 달 동안의 일을 떠올려 보았다. 늘 기름기 많은 중국음식에 운동은 숨쉬기요, 취미는 컴퓨터, 특기는 날밤 새기.
박 과장은 이제부터라도 자신을 돌보는 삶을 살아야겠다 마음먹고 병원을 나섰다.

위의 적은 일은 직장생활을 하는 사람이라면 흔히 겪는 일이다. 필자도 역시 위와 다르지 않다.
그런데 우리가 다루는 문제는 축전지인데 왜 쓸데없는 소릴 하십니까 라고 물으신다면, 축전지 또한 다르지 않다는 의미로 글을 적어 보았다고 말씀드리고 싶다.

축전지는 스트레스를 받으면 우선 외형에 변화가 온다. 물론 외형상 변화가 없을 경우도 있다. 내상을 입은 경우가 그렇다.
축전지에게 스트레스란 온도와 전해액의 양, 전해액의 비중 그리고 과충전 등을 들 수 있다.
축전지는 온도와 매우 밀접한 관계를 가지고 있다. 축전지의 온도는 20~25℃를 유지해 주는 것이 좋은데, 그렇지 않고 너무 높은 온도가 장기간 지속되면 축전지의 수명이 줄어들게 된다.
또 온도의 영향으로 전해액의 끓음 현상이 생길 수 있으며, 급기야 전해액이 밖으로 분출되기도 한다.
과충전 역시 마찬가지이다. 과충전은 전해액을 끓게 하고 가스가 과다 분출되면 축전지의 외형을 변화시키기도 한다. 배부름 현상이 이것이다. 가스에 의한 배부름 현상은 충전 전압을 조절하면 없어지기도 한다. 그리고 과충전은 부식이 생기게도 한다. 그리고 폭발을 일으키게도 한다. 아무튼 사람이나 축전지나 과식은 좋지 않다.
자, 다시 원점으로 돌아가서, 박 과장은 몸 상태가 좋지 않아 항상 불안한 마음을 안고 살고 있었다. 병원에 다녀오고 나서야 자신의 몸 상태를 확인하고 자신을 돌아보는 계기가 되었던 것이다.
축전지는 내부저항이 좀 높아졌다고, 외형이 변형되었다고, 부식이 되었다고 교체하는 것이 아니다.
혈압이 좀 높아졌다고, 살이 좀 쪘다고, 소화가 좀 안 된다고 다 암 아니면 큰병으로 판정하여 수술을 시행하거나 이식을 하지는 않을 테니까? 반드시 내시경이나 CT, MRI 같은 정밀 진단을 통해 이상 유무를 확인하고 다음 단계로 가지 않는가?

축전지도 마찬가지이다.
축전지에 외형상 변화가 오는 것은 정말 다행스러운 일이나, 외형의 변화도 없으면서 내상을 입는 경우는 정말 위험하다. 특히나 극판에서의 문제, 그리고 밀폐형의 경우 전해액의 문제는 심각해진다. 마른 사람도 체지방이 높은 경우가 있고 고혈압인 경우도 있다.

박 과장은 스트레스에 의한 신경성 질환이었다. 축전지도 스트레스를 받지 말아야 한다. 스트레스에 원인이 있다면 제거해 주고 운동을 시켜 주어야 한다. 축전지의 운동은 방전과 충전이다. 「부동 충전을 해주고 있지 않는가?」라고 질문하시면 「그건 방안에 가만히 앉아 숨만 쉬고 있는 것과 같습니다.」라고 말씀 드리고 싶다.

축전지를 언제 교체할 것인가?
기대수명에 의존해서 교체하는 것이 맞을까, 아니면 내부저항이 기준치를 초과하였을 때가 맞을까, 그것도 아니면 외형이 변화되었을 때가 맞을까? 이에 대한 답은 축전지의 신뢰성이 떨어졌을 때라고 할 수 있다.
그렇다면 축전지의 신뢰성은 무엇으로 확인할까?

제7장 축전지 교체

앞서 설명한 축전지의 정밀 검사, 즉 방전시험을 통한 성능 테스트를 통해 축전지의 신뢰성을 확인할 수 있다.

신뢰성이 떨어졌다면 기대수명 이전이라도 교체를 하여야 하고 기대수명 이후라도 신뢰성이 확보된다면 교체의 필요성은 없게 된다. 내부저항이 정상이더라도 신뢰성이 없다면 교체하여야 하며, 외형이 정상적이더라도 신뢰성이 떨어지면 교체되어야 한다.

2. IEEE 교체 기준

IEEE에서는 다음과 같이 교체를 권고하고 있다.

> 8. Battery replacement criteria
> This recommended practice is to replace a cell/unit or the battery if its capacity, as determined in 7.4, is below 80% of the manufacturer''s rating. The timing of the replacement is a function of the sizing criteria used and the capacity margin available, as compared with the load requirements.
> A capacity of 80% shows that the cell/unit/battery rate of deterioration is increasing even if there is ample capacity to meet the load requirements of the dc system. Other factors, such as unsatisfactory service test results (7.6), or the addition of new load requirements, may require battery replacement.
> Physical characteristics, such as abnormally high cell/unit temperatures (Annex B), are often determinants for complete battery or individual cell/unit replacements.
> Reversal of a cell as described in item d) of 7.5 is also a good indicator for further investigation into the need for individual cell/unit replacement. Replacement cell/units, if used, should have electrical characteristics compatible with existing cell/units and should be tested before installation.

축전지는 언제 교체 하는가?

> Individual replacement cells or units are not usually recommended as the battery nears its end of life.
> A low cell/unit voltage that fails to respond to corrective action is a good indicator for further investigations into the need for replacement (B.2).

[IEEE Std.1188-2005 중에서 인용]

8. Battery replacement criteria

The recommended practice is to replace the battery if its capacity as determined in 7.3 is below 80% of the manufacturer's rating. After completion of a capacity test, the user should review the sizing criteria to determine if the remaining capacity is sufficient for the battery to perform its intended function. The timing of the replacement is a function of the sizing criteria utilized and the capacity margin, compared to the load requirements available.

Whenever replacement is required, the recommended maximum time for replacement is one year.

It should be noted that if capacity was calculated using the rate-adjusted method per 7.3.2 and capacity has fallen to 80%, the one-year replacement period might not ensure that the battery can fulfill its duty cycle.

In this instance, the battery should be replaced at the earliest opportunity.

A capacity of 80% shows that the battery rate of deterioration is increasing even if there is ample capacity to meet the load requirements.

Other factors, such as unsatisfactory battery service test results (see 7.5), require battery replacement unless a satisfactory service test can be obtained following corrective actions. Due to changes in battery design, materials, and technology, the battery manufacturer should be contacted for the latest information for the replacement battery.

> Also, prior to selecting the replacement battery, it is prudent to review the battery sizing calculation per IEEE Std 485-1997 to ensure the calculation is still valid for the new battery's characteristics and any load changes.
> Physical characteristics, such as plate condition together with age, are often determinants for complete battery or individual cell replacements. Reversal of a cell, as described in item e) of 7.4, is also a good indicator for further investigation into the need for individual cell replacement. Replacement cells, if used, should be compatible with existing cells and should be tested in accordance with 6.1 of this recommended practice and installed in accordance with IEEE Std 484-1996. The capacity of the replacement cell(s) should not degrade the battery's existing ability to meet its duty cycle. Replacement cells are not usually recommended as the battery nears its end of life.
> Due to material and/or design changes, cells of different vintages may have different operating characteristics. Identical model numbers do not guarantee compatibility. Before mixing cells of different vintages, contact the manufacturer.
> Failure to hold a charge, as shown by cell voltage and specific gravity measurements, is a good indicator for further investigation into the need for battery replacement.
> When disposing of a battery, refer to Clause 10 of this standard.

[IEEE Std. 450-2002 중에서 인용]

간략해 보면 축전지의 성능 테스트에서 정격용량의 80% 이하이면 교체하여야 하며, 비정상적인 온도를 갖는 것처럼 물리적으로 문제 있는 셀 또한 교체하여야 한다고 권고하고 있다.

그리고 여기서 한 가지 중요한 점은 개별 셀 교체가 가능하다는 것이다. 흔히들 개별 셀 교체는 후에 문제가 될 수 있으니 전량교체를 하여야 한다고 한다. 그러나 개별 교체가 가능하며, 다만 교체하는 축전지가 수명이 다한 축전지를 교체하지 말라고 권고하고 있을 뿐이다.
축전지의 교체는 과학적이어야 한다.
대충 짐작이라든지, 내부저항을 측정한다든지, 또 외관만 보고 교체하는 것이 아니라 과학적인 근거를 가지고 교체하여야 한다는 것이다.

축전지 교체는 시기적절해야 한다.
축전지 수명이 다하지도 않았는데 기대수명에 도달하였다고 해서 교체를 하는 것은 비용의 낭비일 뿐만 아니라 국가적으로 산업 폐기물을 늘릴 뿐이고, 내부저항이나 기타 측정 방법으로 측정한 데이터를 가지고 교체를 하는 것 또한 근거 없는 짐작으로 교체하는 것에 지나지 않으며 신뢰성 확보에 큰 도움이 되지 않는다.
또, 축전지를 운동시켜 줌으로써 해당 축전지의 용량 향상을 기대할 수 있다. 축전지의 충·방전만으로도 별도의 조치 없이 5~10% 정도의 용량 향상을 기대할 수 있다. 그렇게 함으로써 축전지 사용 수명을 1~2년 늘려서 사용이 가능한 경우도 많다.

항간에 방전시험은 귀찮고 또 너무 오래 걸리지 않느냐라고 하는 사람들이 있다. 그런 사람들에게는 이렇게 과학적인 방법을 귀찮고 오래 걸린다고 하지 않을 것인가라고 되묻고 싶다.
방전시간이 오래 걸리는 문제는 방전 전류를 늘리면 시간을 줄일 수 있는데 귀찮다고 시행하지 않는 건 직무유기이다.

3. 축전지 교체시기의 시험방법

축전지 교체는 교체에 관한 계획을 설립하고 비용을 들여서 예비전원의 신뢰성을 확보하는 데 그 목적이 있다. 신뢰성이 확보되지 않는 교체라면 인력낭비요 비용낭비에 지나지 않는다. 교체를 하면 신뢰성이 모두 확보될까?

안타깝게도 그렇지 않은 경우가 이따금 발생한다.

제7장. 축전지 교체

그렇다면 어떻게 예비전원의 신뢰성을 확보할까? 해답은 방전시험이다.

방전시험에는 3가지 방법이 있다.

돈을 들여서 좋은 장비를 확보하고 편하게 하는 방법 1가지, 적당한 장비를 확보하고 인력을 투입해서 하는 방법 1가지, 그리고 장비 없이 인력만으로 하는 방법 1가지. 총 3가지 방법이 있다.

하나씩 하나씩 알아보도록 하자.

▶ 첫 번째 : 인력만으로 하는 방법

우선 이 시험방법은 축전지 상태가 좋지 않을 경우 약간의 위험을 감수해야 한다. 왜냐하면 AC 상용전원을 강제로 단전시키고 하는 테스트 방법이기 때문이다. 축전지 상태나 UPS가 신뢰성이 확보되지 않고 불안한 상태라면 이 시험방법은 권하고 싶지 않다.

AC 상용전원을 단전시키고 예비 전원만으로 부하를 동작시킬 경우 축전지나 UPS의 문제로 전원이 다운될 수도 있다. 그래서 불안한 시스템일 경우 권하지 않는 것이다. 그리고 이 방법은 용량을 파악하기가 쉽지 않다. 정확한 용량을 파악하려면 정전류로 방전하여야 하는데 실 부하 방전시험은 부하가 일정하지 않기 때문이다.

측정방법은 멀티미터 하나만 있으면 된다.

이 측정방법은 2V셀일 경우는 부적합하다. 12V셀일 경우는 1번 셀 전압부터 마지막 번호까지의 전압을 확인하는 데 걸리는 시간이 짧지만 2V의 경우 시간이 많이 소요되기 때문이다.

> ▶ 측정 순서
> ① AC 상용전원을 차단한다.
> ② 정류기 또는 UPS가 가동 시작
> ③ DC 전체 전압 및 셀 개별 전압 측정
> ④ 가능한 한 여러 명을 동원하여 번호별 담당을 부여하고 측정
> ⑤ 종지전압(전체전압, 셀 개별전압 1.8V가 적당) 이하로 전압이 하강할 경우 실 방전을 중단하고 AC 전원 투입
> ⑥ 축전지로 전원이 가동된 시간을 측정하고 1.8V에 먼저 도달한 축전지와 기타 나머지 셀 전압을 기록 보관하여 셀 방전 전압 관리
> ⑦ 교체가 필요한 축전지 개별 교체 또는 점퍼시킨 후 우회로 구성
> ⑧ 개별 셀 교체가 유리할 것이지 전량 교체가 유리할 것인지 판단하여 처리(교체 대상 축전지가 전체 축전지의 20~30%의 수량 이내일 경우 개별 교체가 유리하며 나머지 셀들의 불량 또는 양호 상태에 따라 판단함이 최선임. 예를 들어, 전체 축전지 110셀 중 교체가 필요한 셀이 20개 나머지 90셀의 상태가 매우 양호하다면 20셀만 교체하는 것이 마땅하지만, 나머지 90셀의 상태가 그리 좋은 상태가 아니라면 전량 교체가 유리하다.)

▶ 두 번째 : 방전기와 인력을 투입하여 이용하는 방법

이 방법은 그나마 좀 나은 방법이다. 축전지 시스템 ⊕, ⊖ 양단에 방전기를 연결하고 정전류로 방전하는 방법이다. 위 첫 번째 방법과 마찬가지로 인력이 투입되어야 한다는 단점이 있다.

이런 방법으로 방전 시에 반드시 지켜야 할 점은 축전지 개별 셀의 보호를 위해 정해진 방전 종지전압 이하로 떨어질 때까지 방전하는 것은 금물이다. 마찬가지로 그것을 방지하기 위해 개별 축전지의 전압을 계속 반복 측정하여야 한다.

그래서 그다지 권장할 만한 방법은 아니다.
역시 방전기와 멀티미터가 필요하며, 적당한 인력이 투입되어야만 방전시험을 제대로 진행할 수 있다.

제7장 축전지 교체

> ▶ 측정 순서
> ① 충전기로부터 축전지를 분리한다.(충전기에서 배터리 스위치 OFF)
> ② 방전기를 양단에 연결
> ③ 방전 시작
> ④ 방전 중 멀티미터로 축전지 개별 전압 반복 측정
> ⑤ 방전 종지전압에 도달되는 셀이 있을 경우 방전 중단
> ⑥ 전압 기록 관리
> ⑦ 불량 축전지가 있을 경우 점퍼시켜 우회로 구성
> ⑧ 축전지를 충전기에 연결(충전기에서 배터리 스위치 ON)
> ⑨ 충전 시 개별 축전지에 이상 전압이 검출되는지 측정
> ⑩ 완료

▶ 세 번째 : 성능진단기를 이용하는 방법

이 방법은 가장 완벽한 시험방법으로 진단기를 구비하려면 비용이 좀 많이 들어간다. 그렇지만 대규모 인력 투입도 필요 없고 멀티미터 또한 필요치 않다. 모든 축전지의 개별 전압을 기록 관리 저장 할 수 있으며 방전 중단도 모두 자동으로 제어가 가능하다. 이미 몇몇 대기업은 이 장비를 도입하여 사용하고 있으며, 비용 때문에 장비의 구비가 쉽지 않은 경우 진단을 전문적으로 수행하는 업체도 있으니 성능 진단을 의뢰하면 된다.

> ▶ 측정 순서
> ① 충전기로부터 축전지를 분리한다.(충전기에서 배터리 스위치 OFF)
> ② 진단기를 양 끝단에 연결하고 각 축전지에 개별 센서를 설치한다.
> ③ 방전 시작
> ④ 방전 시작 전 입력해 놓은 조건에 부합되면 방전 자동 중지
> ⑤ 불량 축전지로 판명된 축전지 점퍼시켜 우회로 구성
> ⑥ 축전지를 충전기에 연결(충전기에서 배터리 스위치 ON)
> ⑦ 충전 시 개별 축전지 이상전압 유무 파악
> ⑧ 완료

4. 축전지 교체 전 시험에 관한 사례

축전지 교체는 시기적절해야 한다. 용량이 충분함에도 불구하고 기대수명이 다 되었다는 이유로 미리 교체할 필요는 없으며 기대수명 이내이더라도 신뢰성이 확보되어 있지 않은 상태의 축전지를 계속 사용하도록 방치해 둘 수도 없는 것이다.

그래서 특별히 여러 조의 축전지를 운영하지 않는 한 경험할 수 없는 축전지 성능진단의 몇 가지 사례를 통해 독자 여러분들이 여러 가지 간접적인 경험을 체험하고 그 과학적인 근거를 생각해 보는 시간을 갖도록 하겠다.

[사례 1] 골프 카트용
- 현황 : 6V, 240AH, 8셀 운영(현 17홀 운영. 따라서 전량 교체예정)
- 용량 테스트 실시
- 결과 : 불량 셀로 판정된 2개 셀만 교체
  현재 47홀 운영 중
  전량 교체비용 절감(절감액 약 180만원)

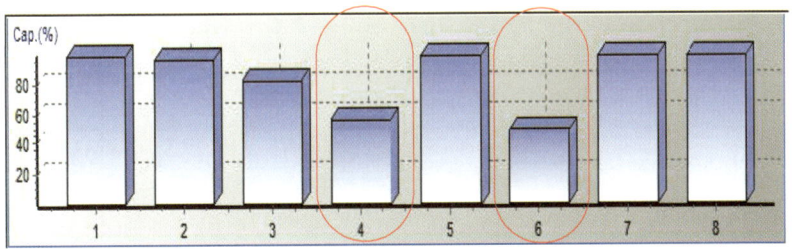

[그림 7-1] 축전지 용량 그래프

[사례 2] UPS용
- 현황 : 12V, 100AH, 30셀 운영(기대수명 5년 경과되어 전량 교체 예정)
- 교체 전 성능 테스트 실시
- 결과 : 이상 없음(전량 그대로 사용)

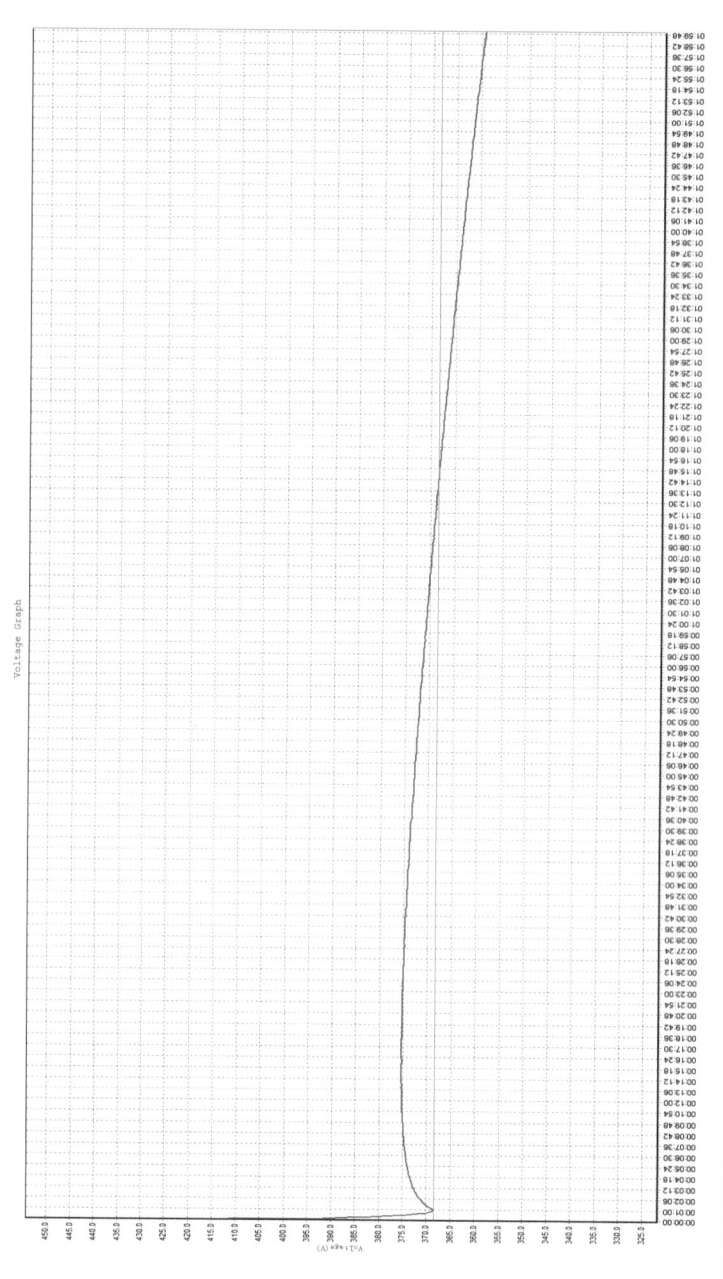

[그림 7-2] 전체전압 방전 특성곡선

축전지는 언제 교체 하는가?

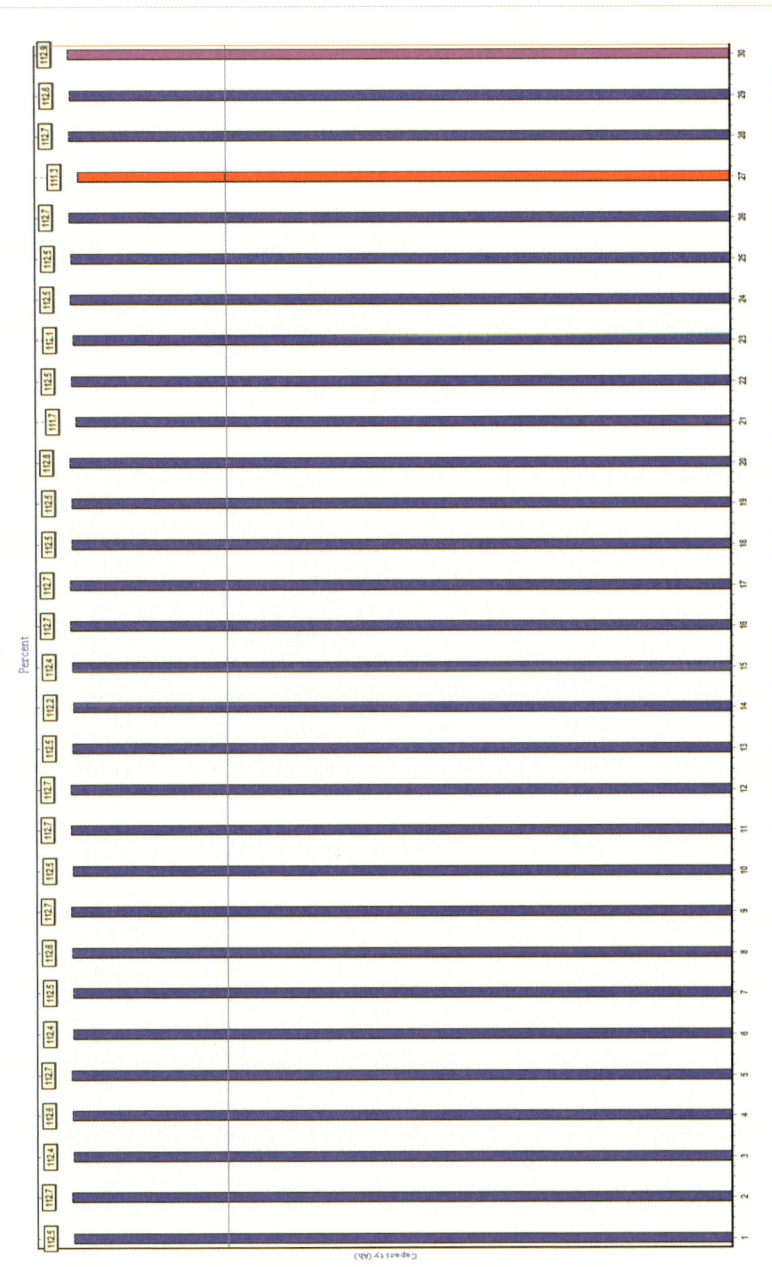

[그림 7-3] 셀별 잔존 용량(%)

[사례 3] UPS용

- 현황 : 12V, 65AH, 30셀 운영(5년 경과되어 전량 교체 예정)
- 성능 테스트 실시
- 결과 : 1셀만 불량 나머지 정상
  불량 셀로 판명된 1셀 교체 후 계속 사용
  교체비용 절감(절감액 400여만원), 산업 폐기물 절감

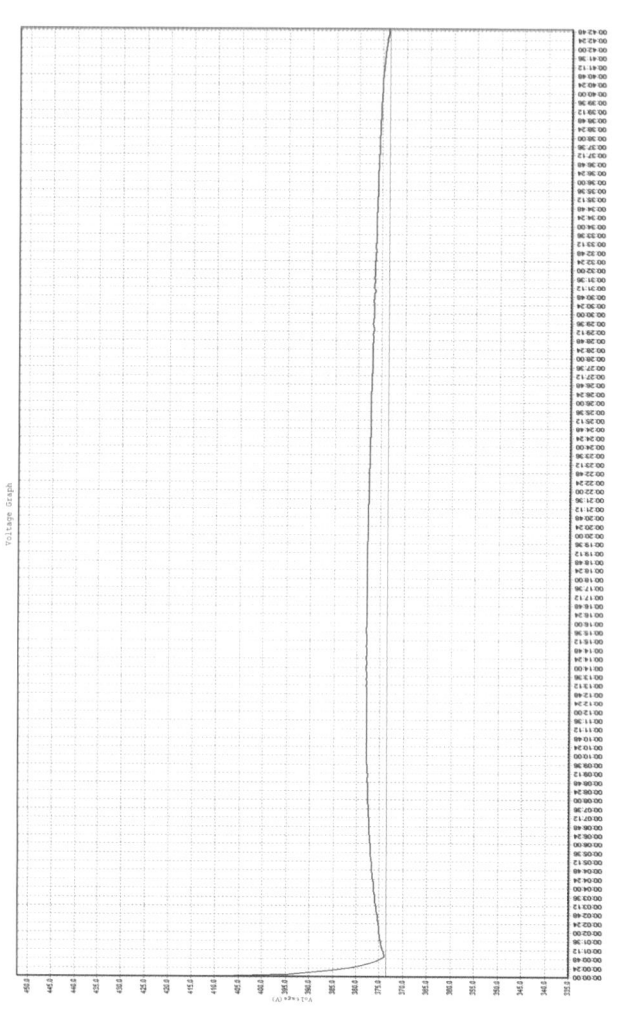

[그림 7-4] 방전전압 특성곡선

축전지는 언제 교체 하는가?

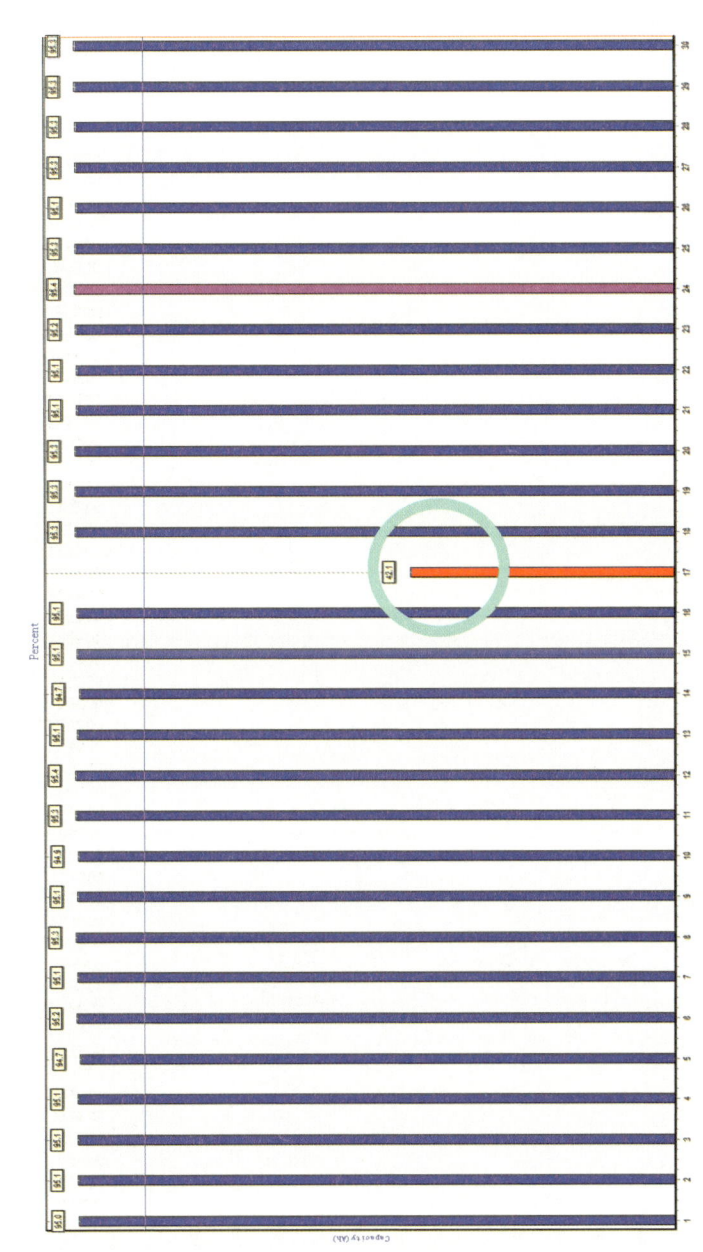

[그림 7-5] : 셀별 잔존 용량(%)

제7장 축전지 교체

[사례 4] UPS용

▶ 현황 : 2V, 600AH, 180셀(기대수명 10년 이상이나 6년 경과 후 성능진단 시행)

[그림 7-6] 방전전압 특성곡선

- 성능 테스트 실시
- 결과 : 사용 6년이 경과하였지만 대체로 양호
  그러나, 잠재적 불량 셀 4개 발견 주의 요망
  계속 사용 후, 정기적 성능 테스트 실시 예정

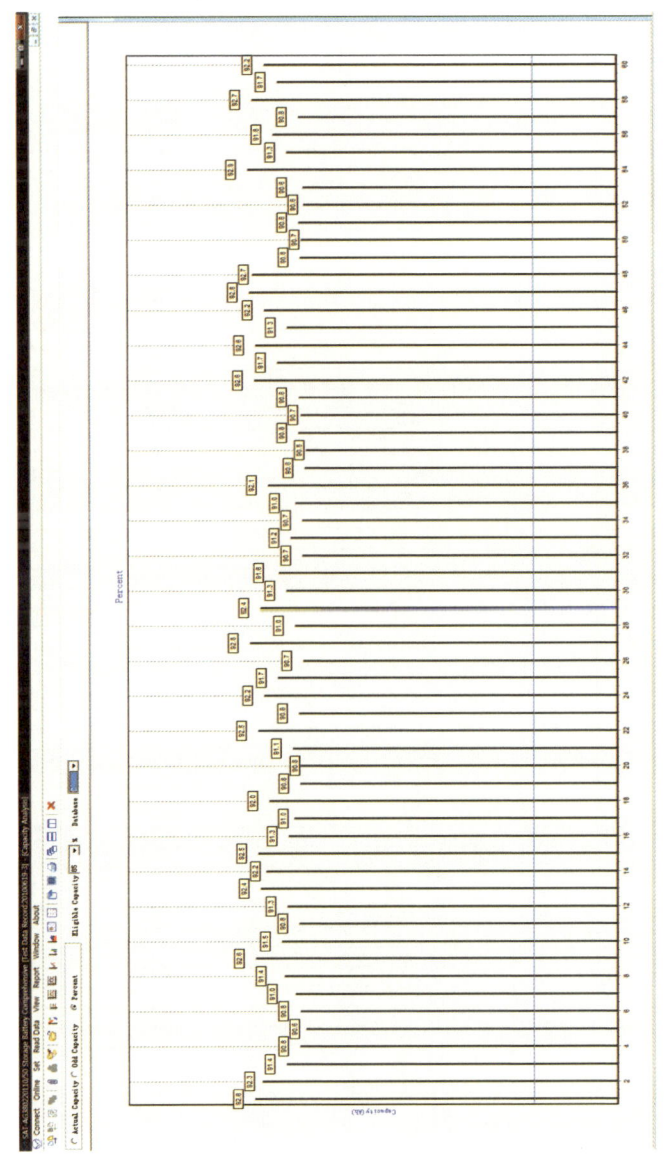

[그림 7-7] 축전지별 용량-1

제7장 축전지 교체

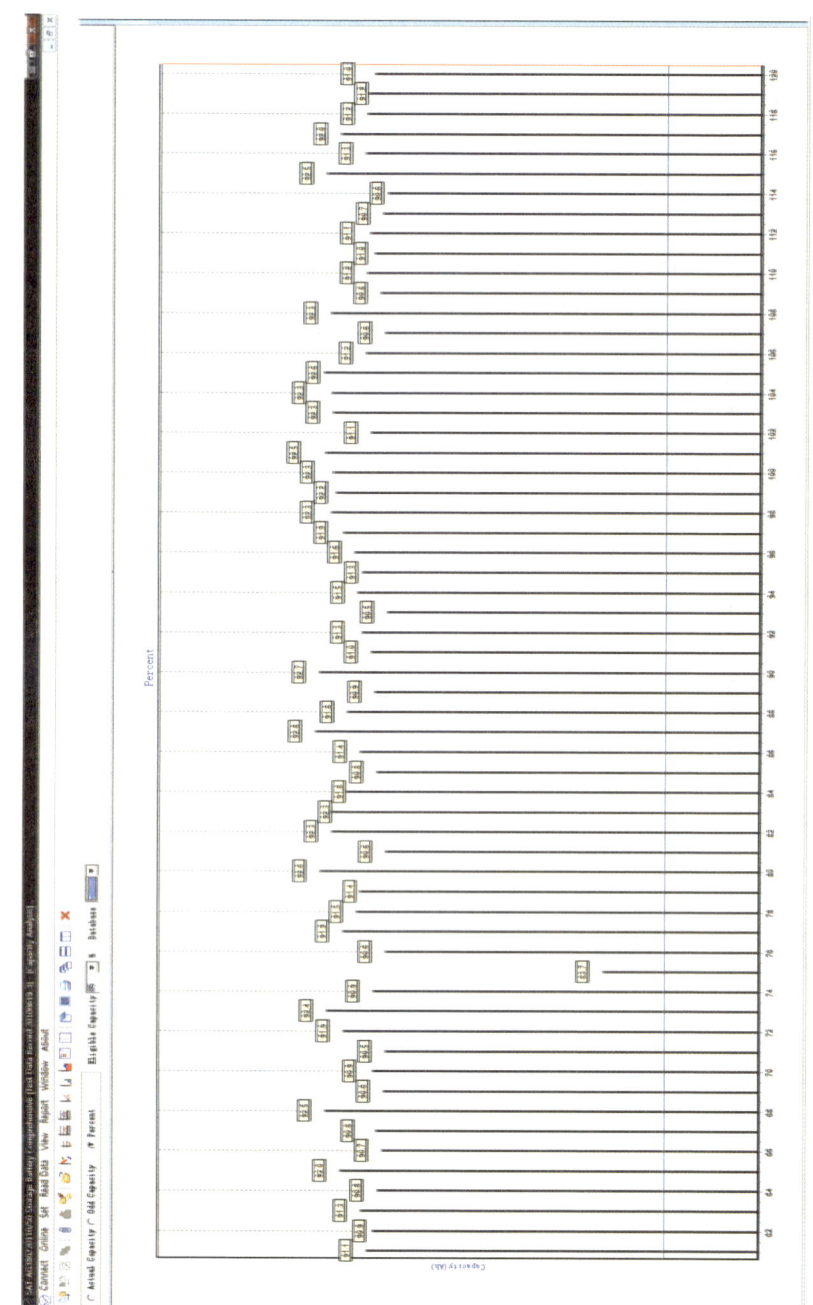

[그림 7-8] 축전지별 용량-2

축전지는 언제 교체 하는가?

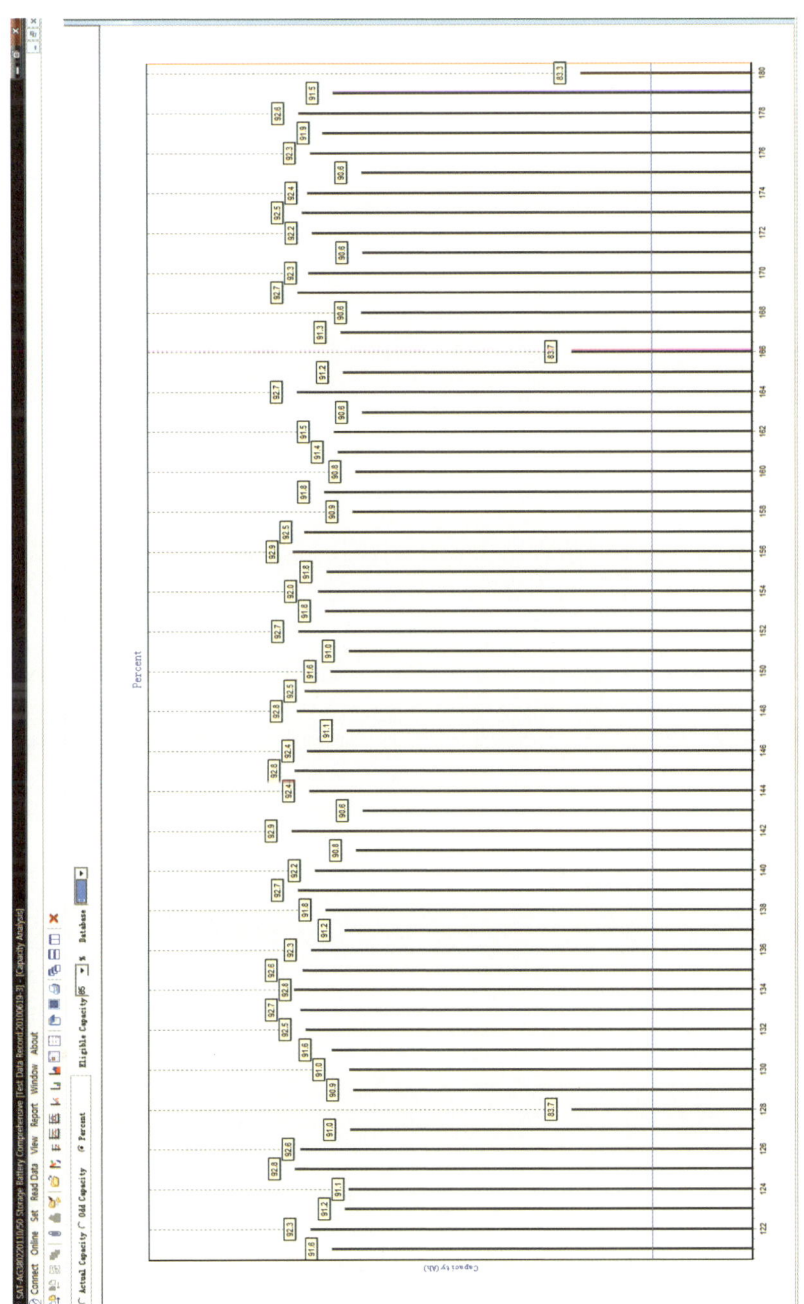

[그림 7-9] 축전지별 용량-3

[사례 5] 48V 통신용 정류기

▶ 현황 : 2V, 200AH, 24셀 운영(6년 경과된 MSB 축전지)
▶ Duty Cycle 테스트 실시
▶ 결과 : 전반적으로 상태 불량, 특히 1~2개 셀은 즉시 교체 요망됨
　　　　1년 전 특별한 장비 없이 실 부하로 3시간 방전한 결과로 축전지 데미지(Damage)를 입은 것으로 예상됨

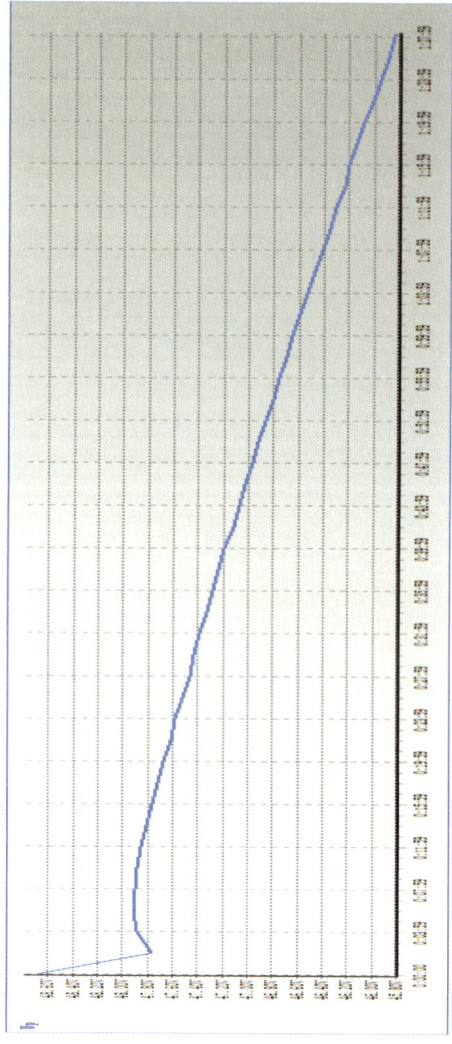

[그림 7-10] 방전전압 특성곡선

축전지는 언제 교체 하는가?

[그림 7-11] 셀별 용량 그래프

[사례 6] 110V 정류기

▶ 현황 : 1.2V, 150AH, 92셀 니켈카드뮴
▶ 성능 테스트 실시
▶ 결과 : 전체 교체 없이 3셀은 즉시 교체, 3셀은 예의 주시 권고

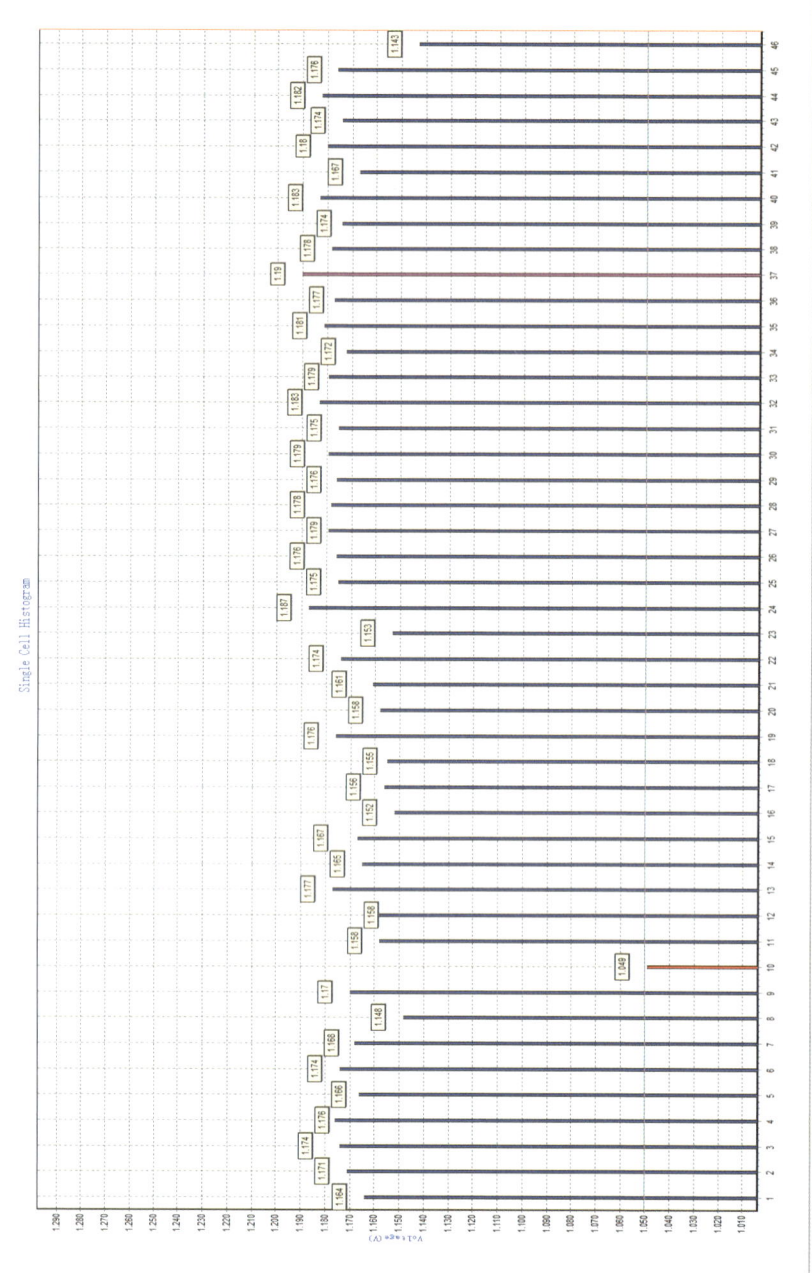

[그림 7-12] 방전 종지 전압 그래프

[사례 7] 정류기(110V)

- 현황 : 2V, 250AH, 54셀 운영 3년 경과
- 성능 테스트 실시
- 결과 : 전체적으로 이상 없으나 2셀 예의 주시 권고

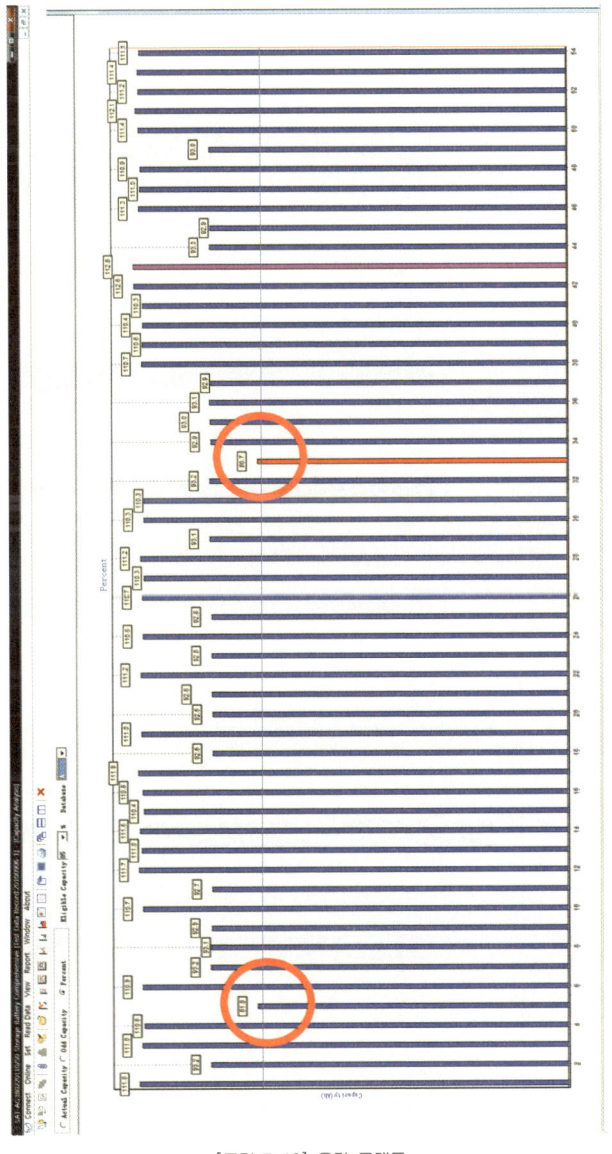

[그림 7-13] 용량 그래프

제7장 축전지 교체

[사례 8] 정류기(110V)

- 현황 : 12V, 150AH, 9셀 운영 4년 경과
- 성능 테스트 실시
- 결과 : 대체로 양호하나 9셀 한 셀이 폭포현상 보임. 즉각적인 것은 아니지만 조만간 교체 필요(폭포현상 : 전압이 어느 순간 갑자기 하강하는 현상)

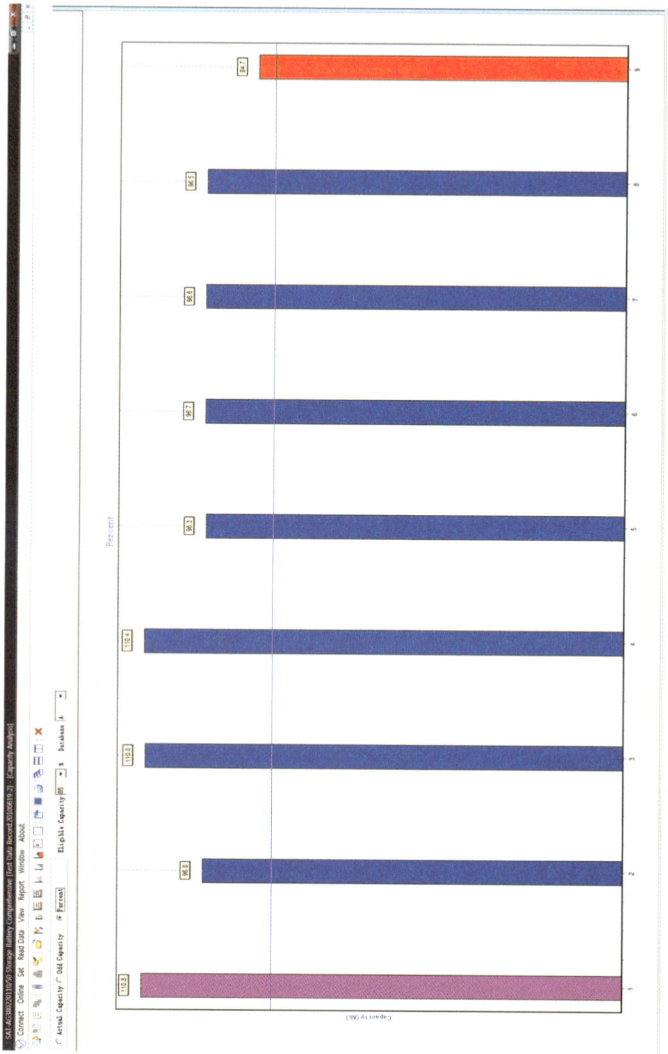

[그림 7-14] 용량 그래프

축전지는 언제 교체 하는가?

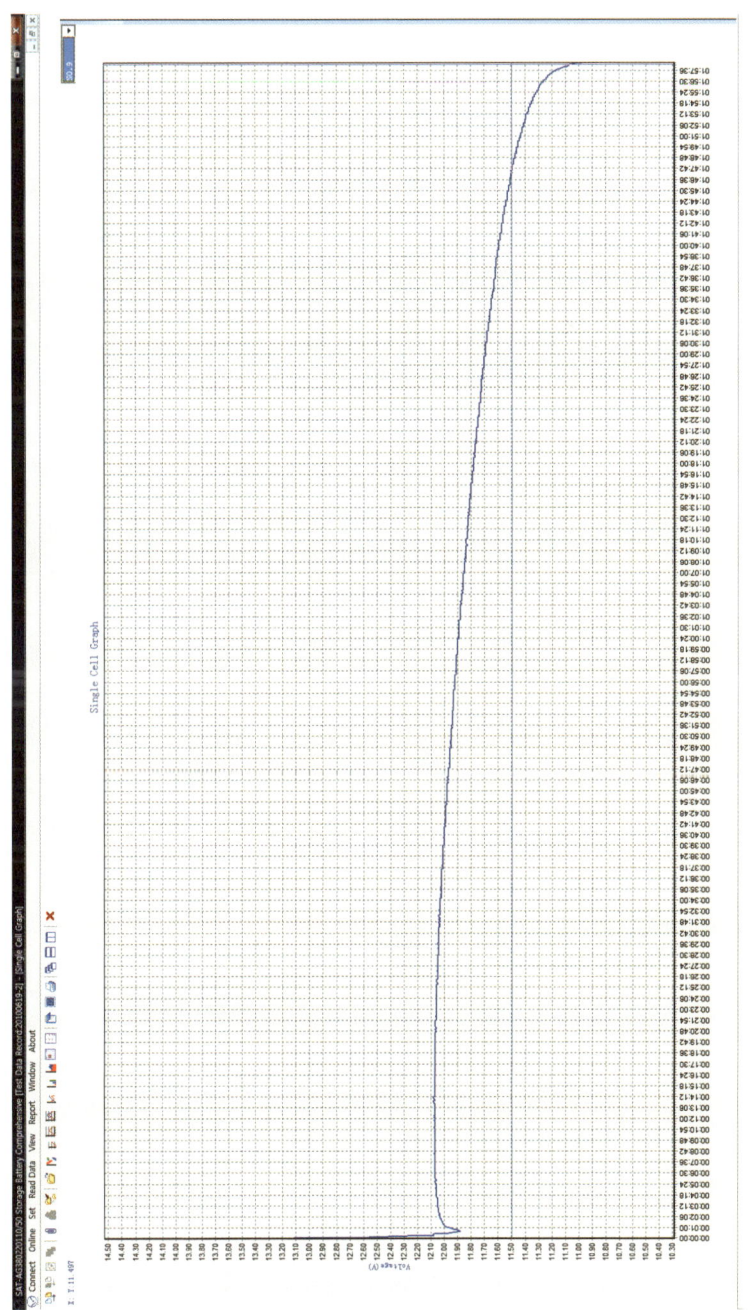

[그림 7-15] 전압 폭포현상 보임

[사례 9] 지게차

- 현황 : 2V, 540AH, 24셀 운영, 배터리 재생 대상 축전지
- 성능 테스트 실시
- 24셀 중 2셀 불량(폭포현상 보임)
  24셀 중 2셀이 불량하므로 지게차 가동 중단된 것임

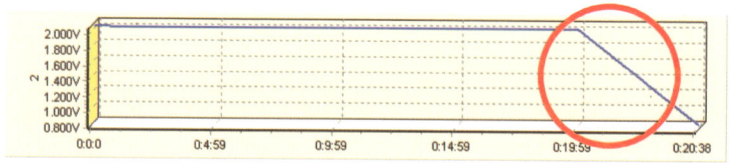

[그림 7-16] 폭포현상 보임-1

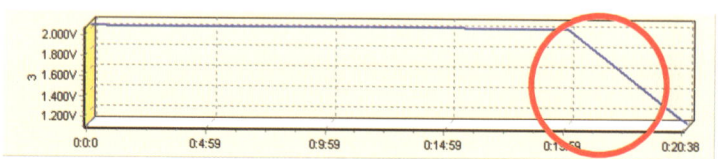

[그림 7-17] 폭포현상 보임-2

5. 불량 셀 발견 시

성능 테스트 또는 유지 보수 점검 시 불량 셀을 발견하는 경우에는 어떻게 대처해야 할까?
축전지 전량 교체? 이건 아니다.
그럼 그냥 방치? 이건 더더욱 아니다.
불량 셀을 발견했을 때는 상황파악을 잘해야 한다.
우회로를 구축할 것인가? 아니면 교체를 할 것인가?
하나하나 따져보자.
축전지는 직렬의 조합이라 했다. 축전지 무리 중 하나라도 불량 셀이 존재한다면 그 직렬회로는 끊어진 것이라고도 했다. 불량 셀은 암적인 존재이다. 발견 즉시 제거하는 것이 상책이다. 그렇다면 그냥 제거만 할 것인가 아니면 제거 후 다시 끼워 넣어줘야 하는가?
이때는 충전기의 충전전압을 살펴보라.
충전기의 전압이 예를 들어 125V였다고 가정하자.

축전지는 2V 55셀로 구성되어 있다고 가정하자.
125V/55셀이면 셀당 할당되는 전압이 2.27V다. 만약 불량 셀이 하나라면?

$\frac{125}{54} = 2.31V$가 나온다.

2V 축전지는 적당한 충전 전압이 2.2~2.35V 사이다. 대부분 그렇다는 것이다.

이럴 때는 하나쯤 빼도 괜찮다. 55셀로 운영 중이던 축전지를 54셀로 바꿔서 운영하면 된다. 정 불안하다면 응급조치로 하나 제거하고 하나 바꿔 끼워 넣으면 된다.

그러나 불량 셀이 2개라면 얘기는 달라진다.

$\frac{125}{53} = 2.358V$ 정도가 나온다. 한 셀당 할당되는 전압이 2.35가 넘는다.
이럴 때는 응급조치로 축전지 두 개를 제거한 후 빠른 시일 내에 끼워 넣어야 한다.
충전기를 조작할 줄 안다면 충전전압을 2V쯤 낮추어 123V로 조정해도 좋다.

[그림 7-18] 불량 셀 제거하여 우회로 구성

그런데, 만약 12V셀로 9셀 또는 10셀 운영 중이라면 또 얘기가 달라진다. 12V셀의 경우 한 셀을 빼내면 12V가 빠져나가기 때문에 문제가 발생한다. 따라서 12V일 경우 가능한 한 다른 축전지라도 채워 넣어야 한다.

채우는 방법은 현재 운영 중인 축전지보다 같거나 큰 용량을 가지고 있는 축전지여야 한다. 물론 전압은 같은 12V 축전지여야 한다.

같은 용량의 축전지를 채워 넣으려면 반드시 축전지 팩의 만충전 상태에서 새로 넣으려는 축전지 또한 만충전 상태라야 한다.

만약 팩이 만충전이 안 된 상태에서 만충전이 된 축전지를 넣으면 기존 축전지는 전류를 먹어야 하는데 새로 넣은 축전지도 따라서 전류를 먹기 때문에 새로 넣은 축전지가 과충전 상태가 되어 문제가 발생한다. 반드시 지켜져야 할 대목이다.

역으로 기존 축전지는 만충전 상태인데 새로 넣는 축전지가 충전이 안 되어 있다면 기존 축전지는 더 이상 전류를 먹지 않기 때문에 새로 넣은 축전지는 전류를 먹을 기회가 없어지게 되므로 전류를 못 먹은 배고픈 상태로 계속 남아 있게 되어 새로 넣은 축전지는 힘을 잃게 되기 때문에 문제가 발생한다.

[그림 7-19] 12V 큰 용량 셀 끼워 넣기

대충 응급조치로 끼워 넣거나 뺀 경우에는 반드시 빠른 시일 내에 후속조치를 취하여야 한다는 것을 명심하여야 한다.

제8장

리튬이온(Li-ion)전지 & 니켈카드뮴 축전지

축전지

리튬이온 전지도 축전지

1. 리튬이온(Li-ion) 전지 개요

최근 들어 휴대용 기기를 위주로 각광받고 있는 전지가 리튬이온 전지와 리튬폴리머 전지이다. 전해질의 차이에 따라, 혹은 양극물질과 음극물질의 차이에 따라 리튬이온과 폴리머 전지로 나뉘어진다.

리튬이온 전지의 쓰임새는 대표적으로 휴대폰을 들 수 있다. 여러분이 가지고 있는 휴대폰의 배터리를 살펴보면 아마 대부분의 배터리가 리튬이온 전지일 것이다. 그리고 오래된 것이라면 니켈망간 전지이거나 니켈카드뮴 정도의 배터리일 것이다.

그래서 최근 각광받고 있는 리튬이온 전지에 대해 알아보고자 한다.

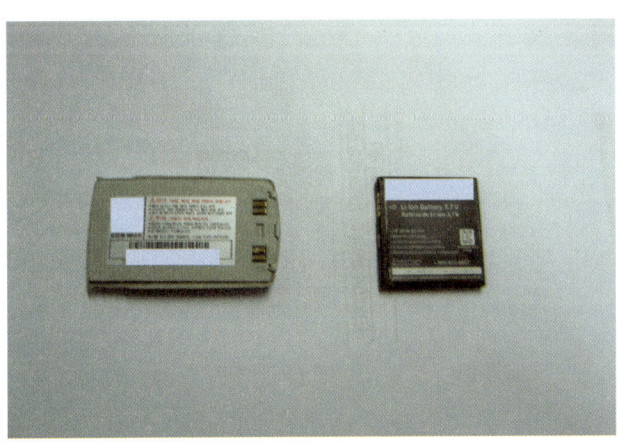

[그림 8-1] 휴대폰용 리튬이온 전지(각형)

리튬이온 전지는 누구나 흔히 접할 수 있는 배터리이다. 그렇지만 제대로 알고 쓰는 사람은 그다지 많지 않다.

리튬이온 전지는 폭발의 위험이 항상 뒤따른다. 그래서 리튬이온 전지는 항상 제어가 가능한 제어회로가 붙어 다닌다. 휴대폰은 휴대폰 내부

제8장 리튬이온(Li-ion) 전지 개요

와 충전기 내부에 그 회로가 장착되어 있다. 그래서 일정 전압 이상 충전이 안 되도록 하고 있고 또 일정전압 이하로 떨어지면 방전이 안 되도록 설계되어 있다. 방전이 안 된다는 말은 배터리 잔량 표시가 바닥임을 알려주고 전원이 자동으로 꺼져서 더 이상 통화가 되지 않는 상태를 의미한다.

여기서 잔량이라는 말이 나오는데, 오해의 소지가 있어 자세히 설명하면 잔량은 잔량일 뿐 배터리의 성능을 파악하는 용량과는 다른 의미이다.

휴대폰 배터리를 새로 사서 한 번 충전에 3일간 쓸 수 있는 배터리였다고 가정하면, 이 배터리가 6개월 후에도 아니면 1년 후에도 3일 동안 사용할 수 있을까? 물론 통화량이나 기타 원인에 의해 달라질 수도 있지만 3일이 아니라 하루 정도 쓰면 배터리가 밥 달라고 표시를 할 것이다. 배터리 잔량 표시에는 충전하면 새 배터리와 똑같이 잔량 표시기에 꽉 차 있다고 표시하는데 말이다.

이것은 배터리 잔량 표시는 잔량 표시일 뿐이지 성능을 표시하는 것은 아니라는 의미이다. 배터리는 쓰면 쓸수록 또 충·방전을 반복하면 할수록 성능이 저하된다.

이것을 충·방전 사이클이라고 한다. 일반적으로 리튬이온 전지의 충·방전 사이클은 500회 이상이다. 500회 이상의 기준은 배터리가 가지고 있는 성능의 80% 성능을 보유하고 있는 상태까지가 기준이다. 그 이하로 떨어지는 경우는 사이클 횟수로 넣지 않는 것이 일반적이다.

충·방전 사이클이 500회라는 의미는 또 다른 말로 일년 365일 매일 하루에 한 번씩 충·방전을 하지 않는 한은 1년 이상 써야 정상이라는 의미가 내포되어 있다.

그럼에도 배터리 겉면에는 6개월만 보증한다는 글씨가 작게 쓰여 있는 경우가 있다.

리튬이온 전지는 크게 네 부분으로 나뉜다.
네 부분은 양극, 음극, 분리막, 전해질이다.

양극물질은 리튬 금속 산화물이며, 음극물질은 탄소계로 이루어져 있고 전해질은 리튬염 비수용액이다. 리튬이온 전지와 폴리머 전지의 가장 큰 차이점은 전해액인데, 폴리머 전지의 전해액은 고체 고분자 전해질로 이루어져 있다.

리튬이온 전지의 모양은 원통형과 각형이 있다.
노트북용 전지는 대체로 원통형을 많이 사용하고 휴대폰 전지는 대체로 각형이 사용된다.
리튬이온 전지의 테스트 방법은 두 가지로 나누어지는데 성능시험과 안전성 시험이 있다.
성능시험은 방전시험이 주를 이루고 있고, 안전성 시험은 여러 가지 경우의 수에 따라 고온시험, 진동시험, 충격시험 등이 있다.
시험방법에 대해서는 뒤에서 논의하도록 하겠다.

[그림 8-2] 원통형 리튬이온 전지

리튬이온 전지 역시 축전지로 분류되므로 리튬이온 전지의 성능은 방전시험으로 확인할 수 있다. 휴대폰 배터리 잔량 표시에 나오는 바(Bar) 또는 % 표시가 리튬이온 전지의 성능이 아님을 다시 한 번 강조하면서 다음 이야기로 넘어가겠다.

2. 리튬이온 전지 표시

단전지와 전지라는 표현이 있는데, 단전지는 전지 케이스나 제어회로가 없어서 사용이 불가능한 전지의 최소단위이며, 전지는 단전지의 조합으로 즉시 사용 가능한 것을 뜻하며 케이스와 제어회로를 포함하기도 하는 것을 의미한다.

(1) 단전지의 표시

A1 A2 A3 N2/N3/N4
A1 : 음극물질
A2 : 양극물질
A3 : 단전지의 모양(원통형 R, 각형 P)
N2 : 최대직경 또는 최대두께(단위 mm)
N3 : 최대너비, 원통형은 표시 않음
N4 : 최대 높이(치수가 1mm 미만인 경우 tN으로 표시하며 소수점 첫째자리까지만 표시)

(2) 전지의 표시

N1 A1 A2 A3 N2/N3/N4-N5
N1 : 전지 내부에 직렬로 연결된 단전지의 수
A1 : 음극물질
A2 : 양극물질
A3 : 단전지의 모양(원통형 R, 각형 P)
N2 : 최대직경 또는 최대두께(단위 mm)
N3 : 최대너비, 원통형은 표시 않음
N4 : 최대 높이(치수가 1mm 미만인 경우 tN으로 표시하며 소수점 첫째자리까지만 표시)
N5 : 전지 내부에 병렬로 연결된 단전지의 수(1일 경우 나타내지 않음)

(3) 추가표시

단전지 또는 전지에는 극성과 제조 일자가 표시되어야 하며, 전지에는 정격 용량과 공칭전압을 추가로 표시하여야 한다.

(4) 전지의 예

[그림 8-3] 원통형 리튬이온 전지 내부

[그림 8-4] 결합된 원통형 리튬이온 전지

[그림 8-5] 전지 내부와 전지 외관

3. 리튬이온 전지의 성능시험

리튬이온 전지의 시험에는 성능시험과 안전성 시험 두 가지가 있는데, 우선 성능시험을 논하도록 하겠다. 성능시험에는 방전시험(용량시험)과 방전율 시험, 자기방전시험, 용량보존 및 회복시험, 내구성시험(수명시험)이 있다.
공칭전압은 3.2V일 경우와 3.6V/3.7V일 경우가 있으나 이 책에서는 가장 많은 3.7V를 기준으로 설명하도록 하겠다.

(1) 충전

충전은 특별히 지정하지 않는 한 0.1C~1C의 범위 내에서 제조회사가 지정하는 일정한 전류로 충전하며 충전 종지전압(4.2V)에 도달하거나 제어회로에 의해 충전이 중단될 때까지 시행한다.

(2) 방전시험(용량시험)

방전시험은 전지의 용량을 파악하기 위한 시험이다. 휴대폰 전지의 외관에 1800mAH라거나 1000mAH라는 표시가 있을 것이다. 이것이 전지의 용량인데 리튬이온 전지의 경우 방전은 2.75V까지 수행

할 수 있으며, 제조회사마다 약간의 차이는 있을 수 있다. 이 2.75V 를 방전 종지전압이라고 하며 0.2C의 전류로 몇 시간을 방전할 수 있느냐가 방전시험의 목적이다.

예를 들어 1000mAH의 전지가 있다면 200mA로 5시간을 방전할 수 있어야 한다.

0.1C는 100mA이고 0.2C는 200mA를 의미한다. 즉, 200mA로 5시간을 방전하지 못한다면 그 전지는 하자 있는 전지라고 생각해도 무방하다. 물론 몇 분 차이로 방전이 끝나느냐가 관건이겠지만 5분 10분은 넘어가도 상관없다.

방전시험을 하기 위해서는 정확한 전류로 정전류로 방전할 수 있는 방전시험기가 있어야 한다. 그리고 전압을 측정할 수 있는 정확한 전압계도 필요하다.

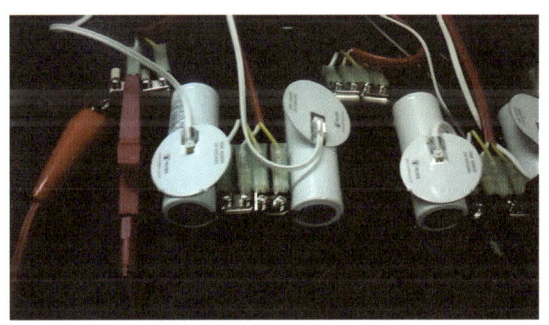

[그림 8-6] 리튬이온 전지 방전시험 중 측정

(3) 방전율 시험

방전율 시험은 5시간율과 1시간율 두 가지 시험을 거치면 무난할 것으로 생각된다. 5시간 방전율 시험은 정확한 용량을 파악하기 위한 시험이고 1시간율 시험은 고율 방전시험을 위한 것이다.

방전하는 방법은 6장과 [그림 8-6]을 참조하기 바란다.

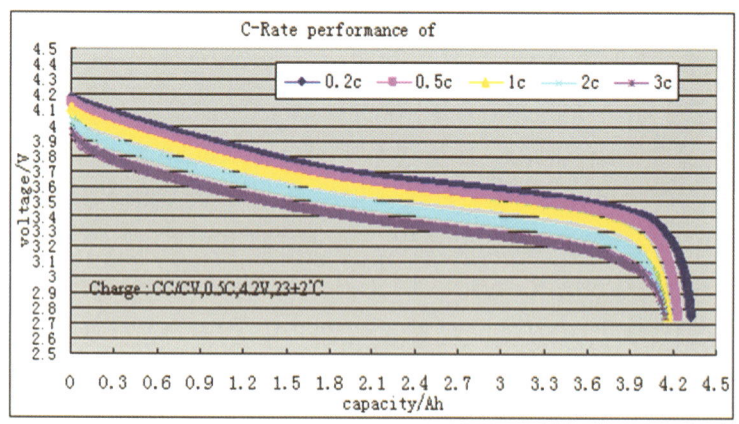

[그림 8-7] 방전율별 방전 특성곡선

(4) 자기 방전시험

자기 방전시험은 방전을 하지 않는 상태에서 스스로 자가 방전하는 양이 어느 정도인지를 확인하는 시험이다. 일반적으로 3~5%/월이며 이 기준을 넘어가는 전지라면 그다지 좋은 전지는 아니라 고 판단하면 된다.

우선 충전과정을 거친 후 상온에서 한 달을 보관한 후 0.2C로 방전시험을 시행하여 몇 시간 방전하는가를 확인하면 된다.

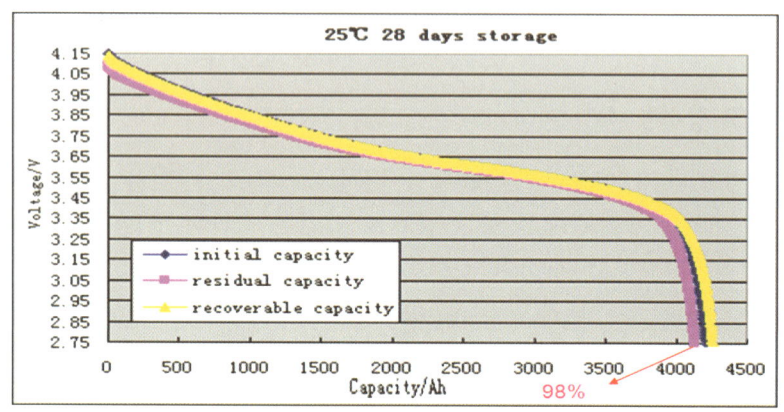

[그림 8-8] 28일 보관 후 방전시험

자기 방전시험은 예를 들어 휴대폰 사용자가 배터리를 충전하고 나서 한동안 사용하지 않은 상태에서 배터리를 사용하려고 하는데 자기 방전이 많은 경우에는 배터리를 사용할 수 없기 때문에 행해지는 시험이다.

(5) 용량보존 및 회복시험

이 시험은 자기 방전시험과 연계하여 시험할 수 있는데, 자기 방전시험 이후 재충전을 시행하고 방전시험을 시행하는 것이다. 이때 앞서 자기 방전시험과 비교하여 어느 정도 회복이 되었는지를 보는 시험이다. [그림 8-8]의 노란색 그래프가 재충전하여 방전한 그래프이다.

(6) 내구성 시험

이 시험은 축전지의 수명에 관한 시험으로 사이클 시험과 사용 연한에 따른 시험의 두 가지 시험이 있다.
사이클 시험은 간단히 테스트가 가능하나, 사용 연한 시험은 오랜 시간을 두고 시험해야 하므로 그리 간단치 않다.
사이글 시험은 충전과 방전을 반복하여 자기 용량의 80%를 유지 할 때까지 몇 사이클까지 가능한지를 시험하는 것이다.

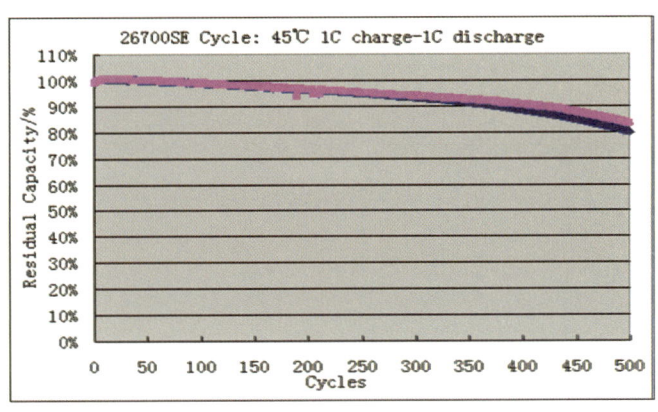

[그림 8-9] 사이클 시험

4. 안전성 시험

안전성 시험은 리튬이온 전지를 사용하면서 일어날 수 있는 여러 가지 경우의 수를 감안하여 그 경우에 맞게 환경을 구성하고 실시하는 시험이다. 특히 휴대기기의 전원으로 사용하는 경우 위험한 발화와 폭발현상이 일어날 수 있으므로 신경을 많이 써야 한다. 시험의 종류는 외부단락시험, 강제방전시험, 연속충전시험, 과충전시험, 고율 충전시험, 진동시험, 충격시험, 낙하시험, 관통시험, 가압시험, 환봉 가압시험, 고공 낙하시험, 고온 저장시험, 온도 충격시험, 감압시험, 가열시험 그리고 수중투하시험 등이 있다.
상기 나열한 시험 이후 발화 및 폭발이 있어서는 안 된다.
그 시험 방법을 하나하나 알아보자.

(1) 사전 안전장치 : 벤트

리튬이온 단전지의 경우 내부에 벤트라는 것이 있는데, 내부 가스 발생 시 전지 내부의 압력이 높아지게 될 때 이 벤트가 작동되어 내부 압력의 원인을 외부로 방출시켜 사고를 방지하는 장치이다.

[그림 8-10] 벤트의 예시

(2) 외부단락시험(고온에서)

외부단락시험은 만에 하나 호주머니 속이나 보관 장소(핸드백, 가방 등)에서 생길 수 있는 단락에 대비한 시험이다.

시험 방법은 완전 충전한 단전지를 주위온도 (55±2)℃에서 단전지의 ⊕와 ⊖를 전지가 갖고 있는 내부저항의 절반 이하의 전선으로 단락시킨다. 단락시킨 상태에서 전지 표면의 온도가 주위온도와 10℃ 이내로 같아질 때까지 지속하였을 때(24시간) 폭발 및 발화가 없어야 하며 전지 외부온도가 150℃를 초과하지 않아야 한다. 단, 전지 표면 최고 온도에서 주위온도를 뺀 온도가 20% 이상 감소하면 시험을 멈출 수 있다.

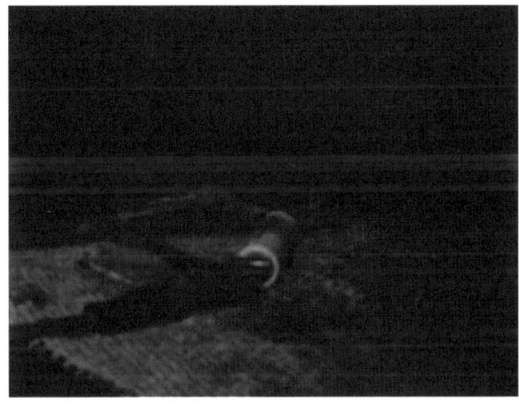

[그림 8-11] 고온 단락시험

(3) 강제 방전시험

강제 방전 시험에는 단전지에 대한 시험과 전지 팩에 대한 시험이 있는데 단전지에 대한 시험은 특별한 언급이 없는 한 1C의 전류 또는 제조자가 제시한 전류로 정격 용량의 250%까지 강제 방전한다. 단, 전지 내부에 보호 장치가 작동되어 전류의 흐름이 차단되었을 경우 시험을 종료한다.

전지 팩에 대한 강제 방전시험은 직렬로 연결된 전지 팩의 경우에 해당하는 것으로 한 개의 단전지가 심방전되었을 경우에 강제 방전

제8장 리튬이온(Li-ion) 전지 개요

된 전지가 견디는 능력을 평가하는 시험이다. 전지 팩의 0.2C에 해당하는 전류로 12시간 30분 동안 진행하며 전지 팩 내 단전지의 전압이 0V가 되어도 중단해서는 안 되며 이때 전지는 폭발 또는 발화되어서는 안 된다.

(4) 연속 충전시험

제조자가 제시한 충전방법으로 1개월간 연속 충전하는 시험으로 휴대폰 사용자가 배터리를 충전할 때 충전기에 배터리를 장착해 놓고 완전 충전이 끝났음에도 불구하고 충전기에서 배터리를 빼지 않고 멀리 여행을 떠났다 가정하면, 만약 충전기가 계속해서 충전을 한다면 아마도 배터리는 불이 나거나 폭발을 일으키게 될 것이다. 이런 상황을 가정하여 시행하는 테스트라 고 볼 수 있다.

(5) 과충전시험

이 시험은 제조자가 제시한 전류로 250%까지 충전한다. 단, 전지 내부의 보호회로에 의해 전류의 흐름이 차단되었을 경우 시험을 종료한다.

이 시험은 과충전을 강제로 시행하였을 때 일어날 수 있는 발화나 폭발에 의미를 두고 시행하는 시험이다.

(6) 고율 충전시험

제조자가 허용하는 최대 충전전류의 3배의 전류로 정격용량까지 100% 충전한다. 단, 보호회로에 의해 전류의 흐름이 차단되었을 경우 시험을 종료한다.

(7) 진동시험

이 시험은 진폭 0.8mm, 주파수 10~55Hz, 주파수 가변속도 1Hz/분으로 XYZ 방향으로 90~100분 간 진동한다.

(8) 충격시험

이 시험은 최초 3ms 간의 최소 평균 가속도가 75G가 되고 피크 가

속도가 125~175G가 되도록 XYZ 방향으로 충격을 가한다.

(9) 낙하시험

이 시험은 1.9m 높이에서 콘크리트 바닥으로 임의의 자세로 10회 낙하한다.

(10) 관통시험

이 시험은 지름 2.5~5mm의 침으로 전지의 중앙부에 있는 전극의 수직방향으로 관통하여 6시간 이상 방치한다.

(11) 가압시험

이 시험은 전지를 평범한 철판 사이에 두고 13kN의 힘을 가한다.

(12) 고공 낙하시험

이 시험은 10m의 높이에서 콘크리트 바닥에 전지를 임의의 자세로 1회 낙하한다.

(13) 고온 저장시험

이 시험은 네비게이션용 전지에 해당하는 것으로
① 100℃ 주변온도에 5시간 방치한 후 20℃에서 24시간 방치한다.
② 60℃ 주변온도에 30일간 방치한 후 20℃에서 24시간 방치한다.

(14) 온도 충격시험

이 시험은 -20℃에서 2시간 ↔ 60℃에서 2시간의 온도 충격을 10회 가한다. 온도 간 이동 시간은 5분 이내에 이루어져야 한다.

(15) 감압시험

이 시험은 절대압력 1.6kPa 중에 6시간 방치한다.

(16) 가열시험

이 시험은 전지를 5±2℃/분의 속도로 130℃까지 가열한 후 130℃에서 60분간 유지한다.

(17) 침수시험

이 시험은 실온의 수돗물에 전지를 담그고 24시간 방치한다.

5. 니켈카드뮴 축전지

또 다른 축전지 중 많이 쓰이는 축전지가 니켈카드뮴 축전지이다. 납축전지와 니켈카드뮴 축전지의 가장 큰 차이점은 전해액의 차이다. 납축전지가 전해액으로 묽은 황산을 쓴다면 니켈카드뮴 축전지는 수산화칼륨 용액을 사용한다.
그렇지만 니켈카드뮴 축전지는 친환경적이지 않다.
그래서 나온 축전지가 수소전지이다. 니켈수소전지라고도 한다. 니켈카드뮴의 카드뮴 성분이 환경유해 물질이기 때문이다.
니켈카드뮴 전지와 수소전지의 가장 큰 차이점은 폐기물인 카드뮴 대신 수소를 사용하였다는 점이다.
지금부터 니켈카드뮴 전지와 수소전지의 특성과 테스트 방법에 대해 알아보는데 니켈카드뮴 전지와 수소전지의 테스트 방법은 동일하므로 대표적인 니켈카드뮴 전지에 대해서만 알아보도록 하겠다.

(1) 니켈카드늄 축전지 개요

니켈카드뮴 축전지의 공칭 전압은 1.2V이다. 따라서 기존에 2V 전지를 사용하였다가 니켈카드뮴 축전지를 사용하려면 더 많은 수의 전지가 필요하다.
니켈카드뮴 축전지는 납축전지에 비해 수명이 길고 온도에 보다 덜 민감하며(영향이 없다는 말은 아님) 고율 방전에 납축전지보다 성능이 우수한 것으로 알려져 있다.
다만 니켈카드뮴 전지는 메모리 효과가 있어서 정기적으로 충·방전을 실시하는 것이 좋다.
메모리 효과란 일정량의 방전을 반복할 경우 그 방전한 양을 기준으로 용량이 줄어드는 현상을 말하며, 이 메모리 효과를 없애기 위해 정기적인 충·방전이 필요하다.

니켈카드뮴 축전지의 수명은 15~20년이다. 그래서 같은 값을 갖는 납축전지보다 우수한 수명 특성을 갖는다.
니켈카드뮴 축전지는 열에 강하기 때문에 주로 철도용으로 많이 사용되며, 일반 예비전원 공급용으로도 많이 쓰이고 있다.

(2) 니켈카드뮴 축전지의 종류

니켈카드뮴 전지의 종류에는 저율 방전용, 중율 방전용, 고율 방전용, 초고율 방전용 등이 있으며, 이것들은 전지의 사용 용도에 따라 선택적으로 사용하여야 한다.
전지를 보수형이냐 무보수형이냐로 구분한다면 니켈카드뮴 전지는 보수형 축전지이다. 다시 바꿔 말하면 개폐형 축전지이다. 그러므로 필요시에는 전해액을 보충해 주어야만 한다. 보수 방법에 대해서는 축전지 설명서를 참조하기 바란다.

(3) 니켈카드뮴 축전지의 용량

니켈카드뮴 축전지의 용량은 대체로 5시간 기준으로 방전할 수 있는 용량을 나타낸다. 즉 200AH의 용량이라면 40A의 전류로 5시간 동안 방전할 수 있다는 의미이다. 또 0.2C의 전류로 5시간 방전할 수 있다는 뜻이다.

(4) 니켈카드뮴 축전지 설치

니켈카드뮴 전지는 초기 구입 시 전해액을 주입하기 전의 상태로 구매자에게 전달된다. 그러므로 사용 전에 전해액을 주입하여야 하며 전해액 주입 시 안전사항에 주의하여야 한다. 전해액의 주입은 깔때기를 이용하여 주변에 흘리지 않도록 하고 만일 흘렸을 경우

깨끗이 닦아내야 한다.

이후 방법에 대해서는 축전지 설명서를 참조하기 바란다. 이 책은 설치에 관한 책이 아니므로 여기까지만 설명하겠다.

[그림 8-12] 니켈카드뮴 전지 설치 예

[그림 8-13] 니켈수소전지 설치 예

(5) 니켈카드뮴 축전지의 점검사항

니켈카드뮴 전지와 납축전지의 관리 방법은 크게 다르지 않다. 납축전지 중 개폐형 축전지 관리 방법을 참조하면 어긋나지 않는다. 다만 다른 점은 공칭전압이 1.2V이고 부동충전전압이 1.4~1.5V라는 점이다. 부동충전전압은 저율형부터 초고율까지 약간 다르므로 축전지 설명서를 참조하기 바란다.

일반적으로 니켈카드뮴 전지는 속이 들여다보이는 투명 커버를 사용한다. 그러므로 전해액이 부족한지 아닌지를 육안으로 확인할 수 있다. 다만 비중은 축전지 뚜껑을 열고 비중계로 확인해야 한다.

점검 항목과 측정 주기는 셀 단자 전압(3개월), 부동충전전압(1개월), 커버상태(3개월), 전해액 높이(2개월), 연결 래그와 볼트 너트 조임상태(3개월), 균등충전(6개월), 충·방전(1년~2년)이다. 전해액의 비중은 1.16~1.23이므로 수시로 점검하여야 한다.

전해액의 비중이 낮으면 용량이 저하되고 비중이 너무 높으면 셀 내부에 영향을 주어 수명에 지장을 주게 된다.

(6) 니켈카드뮴 전지의 성능테스트

[표 8-1] 니켈카드뮴 축전지 방전율

니켈카드뮴 축전지의 성능 테스트는 납축전지의 성능 테스트와 크게 다르지 않다. 니켈수소 전지도 마찬가지이다.

위의 [표 8-1]을 보면 용량에 따른 방전율이 명시되어 있다. 표를 보는 법을 예를 들어 설명하겠다. 용량 100AH를 보자. 2시간 방전율을 보면 방전 종지전압 1.06V까지 방전할 때 47.9A의 정전류로 2시간 동안 방전하여야 한다는 의미이다.

제8장 리튬이온(Li-ion) 전지 개요

역으로 만약 47.9A의 전류로 2시간을 방전하지 못한다면 용량이 저하되어 있다는 의미이다. 용량이 저하된 축전지를 어느 정도까지 사용할 것인가는 축전지를 사용하는 각 회사에서 정하는 내부 규정에 따른다.

End Voltage 1.05V/Cell   (단위 : Ampere)

전지형식	시간율 전류												
	Hr					Min					Sec		
	10	8	5	3	2	1	30	20	15	10	5	1	30	10	5
GMH 10	1.1	1.3	2.0	3.3	4.9	9.0	17	19	20	23	25	26	33	36	37
GMH 20	2.1	2.6	4.0	6.6	9.7	17.9	33	37	40	46	49	51	67	72	74
GMH 30	3.2	3.9	6.0	9.9	14.6	26.9	50	56	60	69	74	77	100	107	111
GMH 40	4.2	5.2	8.0	13.2	19.4	35.8	66	74	80	92	98	102	134	143	148
GMH 50	5.3	6.5	10.0	16.5	24.3	44.8	83	93	100	115	123	128	167	179	185
GMH 60	6.3	7.8	12.0	19.8	29.1	53.7	99	111	120	138	147	153	200	215	222
GMH 70	7.4	9.1	14.0	23.1	34.0	61.4	106	119	129	148	158	164	215	231	238
GMH 80	8.4	10.4	16.0	26.4	38.8	70.2	121	136	147	169	180	188	246	263	272
GMH 100	10.5	13.0	20.0	33.0	48.5	87.7	152	170	184	212	225	235	307	329	340
GMH 120	12.6	15.6	24.0	39.6	58.2	105.3	182	204	221	254	270	282	369	395	408
GMH 130	13.7	16.9	26.0	42.9	63.1	114.0	197	221	239	275	293	305	399	428	443
GMH 150	15.8	19.5	30.0	49.5	72.8	131.6	228	255	276	317	338	352	461	494	511
GMH 180	18.9	23.4	36.0	59.4	87.3	157.9	273	306	331	381	406	422	553	593	613
GMH 200	21.0	26.0	40.0	66.0	97.0	175.4	304	340	368	423	451	469	615	659	681

[표 8-2] 니켈수소 전지 방전율 예

6. 납축전지와 차이점

리튬이온 전지와 기타 납축전지나 니켈카드뮴 전지의 차이점은 제어회로가 있는가 없는가 하는 점이 차이점이라 할 수 있다. 물론 재료도 다르다.

리튬이온 전지는 납축전지나 니켈카드뮴 전지에서는 불가능한 휴대가 가능하기 때문이다. 휴대하면서 생길 수 있는 사고를 방지하자는 의미가 내포되어 있다. 전지(축전지)는 사람의 편리를 위해 만들어진 아주 편리한 발명품이다.

전기가 없는 곳에서도 전자기기를 작동할 수 있다는 것이 얼마나 편리한가?

리튬이온 전지는 현재의 기술로는 용량을 키우는 데 한계가 있다. 그래서 팩이라는 개념을 도입하여 여러 개의 단전지를 병렬 혹은 직렬 그리고 직병렬시켜 용량을 키우고 전압을 키운다. 그래서 위험하다. 또 그래서 보호회로를 도입하여 운영하도록 하고 있다. 리튬이온 전지업계와 밀접하든 밀접하지 않든 우리는 수시로 리튬이온 전지를 접하고 있다. 우리나라 휴대전화 가입자가 벌써 인구수를 넘었다고 한다. 그러니 국민 한 사람당 한 대 이상의 휴대전화를 지니고 있다는 말이다.
이제 어느 누구나 리튬이온 전지를 손으로 만지고 있으니 대충은 알아야 하지 않겠는가!
우리나라가 어느새 리튬이온 전지 생산국 중 세계 1, 2위를 다투고 있다.
보다 나은 리튬이온 전지가 개발되기 바라면서, 2차 전지의 발전을 기대한다.

제 9 장

열 길 물 속은 알아도 한 길 축전지 속은 모른다?

축전지

열 길 물 속은 알아도 한 길 축전지 속은 모른다

1. 축전지 관리는 과학으로!

긴 여행을 끝내고 집으로 돌아오면 여행 중 있었던 많은 기억과 그리고 잊혀지지 않는 그림 같은 경관이 떠오르면서 마음의 평온과 활력을 되찾기도 하지만 다시금 생활 전선으로 뛰어들어야 하는 현재의 상황으로 돌아와 어느 새 마음이 다시 바빠진다.

축전지에 관한 책을 쓰면서 어려움도 많았지만 우리나라 축전지 업계에 근무하시는 모든 분들이 작으나마 부족한 이 책을 통해 많은 지식을 얻으셨으면 하는 바람이다.

축전지 관리는 과학적이어야 한다.
「침대는 과학이다.」라는 말 기억나시는가? 그 말에 동의하시는가?
침대는 과학인지 아닌지 모르지만, 축전지는 과학이다.
축전지는 육안으로 관리하는 것도 무시할 수 없고, 감으로 하는 것도 무시할 수 없지만, 그래도 우리가 전통적인 치료법에만 의존하는 것이 아니라 병원에 가서 진찰 받고 검사 받는 것이 필요한 것은 의학이 과학적이고 믿을 만해서가 아닐까?

필자는 가끔 답답함을 느낀다.
축전지 관리를 그냥 대충하는 사람들을 보면 답답해진다.
어떤 말을 해도 그런 사람을 설득하기는 쉽지 않다.
필자는 본래 통신을 전공하고 통신업계에만 19년째 근무하고 있다가 축전지를 공부한 지 몇 년 되었을 뿐이다.
그리고 그 몇 년 동안 많은 경험을 했다. 영업적으로나 기술적으로 여러 기업체의 축전지 관리 상황과 교체 기준들을 경험했다.

의외로 잘 하는 기업체가 있는가 하면 전혀 관리가 되지 않는 기업체까지 다양한 기업들이 존재한다.
제일 답답한 경우가 많은 돈을 들여 BMS를 설치하고 그 BMS만을 믿고 관리를 다하는 양 생각하는 경우이다.
우선적으로 BMS업계의 반성이 필요하다.
물건을 팔기 위해서라면 모든 것이 다 되는 것처럼 홍보하는 것은 반성해야 한다.

납축전지든 리튬이온 전지든 전지의 성능을 확인할 수 있는 방법은 방전시험뿐이라고 해도 과언이 아니다. 내부저항 측정장비나 BMS 장비들은 사전에 혈압을 재고 축전지의 트렌드를 알아보기 위한 축전지 건강 보조용 장비에 불과하다.
모든 장비를 만드는 업체가 장비를 개발하거나 신뢰도를 물어볼 때 「방전시험과 비교하여 우리 장비의 신뢰도는 50%입니다.」 또는 「70% 또는 90% 이상입니다.」 하고 홍보를 하고 있다.
방전시험이 어렵고 귀찮은 일 일 수는 있다.
그러나 어렵고 귀찮다고 하지 않을 수는 없다.
열 길 물속은 보면 알 수 있지만 한 길도 안 되는 축전지는 방전시험을 하기 전까지는 알 수가 없는 것이다.
납축전지와 니켈카드뮴 전지는 산업폐기물을 양산한다. 그래서 친환경제품인 니켈수소 전지와 리튬이온 같은 전지들이 속속 개발되고 있다. 또한 신재생 에너지와 같은 그린에너지 정책들이 쏟아져 나오고 있는 상황이다.
태양광발전이 그렇고 풍력발전 그리고 조력발전 같은 것들이 그러하다.
축전지 관리를 과학적으로 한다면 산업폐기물의 양산을 줄일 수 있고 그야말로 친환경적인 사회 환경을 조성할 수 있을 뿐만 아니라 예비전원의 신뢰성과 경제성을 동시에 확보할 수 있어, 그야말로 두 마리 토끼를 한꺼번에 잡는 일이 될 것이다.

2. 축전지 관리 블록 다이어그램

축전지 관리 블록 다이어그램

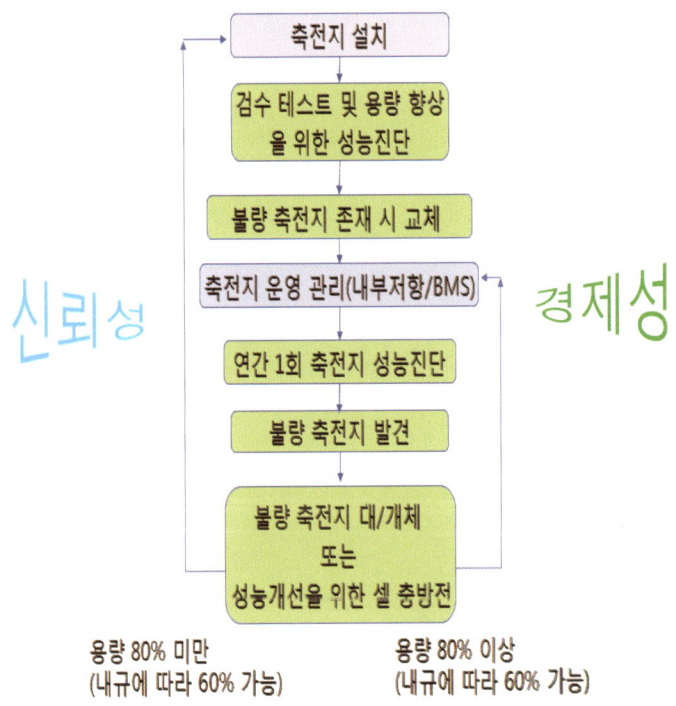

[그림 9-1] 블록 다이어그램

축전지 관리 바이블

1판 1쇄 발행	2011. 01. 05.	
2판 1쇄 발행	2016. 01. 05.	

집 필 　장 현 봉
펴낸이 　김 주 성
펴낸곳 　도서출판 **엔플북스**
주 소 　경기도 구리시 체육관로 113로 45, 114-204
　　　　 (교문동, 두산 APT)
전 화 　(031) 554-9334
F A X 　(031) 554-9335
등 록 　2009. 6. 16　 제398-2009-000006호

정가 **14,000**원
ISBN 978-89-94067-37-7　13550

※ 파손된 책은 교환하여 드립니다.
본 도서의 내용 문의 및 궁금한 점은 저희 카페에 오셔서
글을 남겨주시면 성의껏 답변해 드리겠습니다.
http://cafe.daum.net/enplebooks